Photoshop 2020
标准培训教程

数字艺术教育研究室　编著

人民邮电出版社

北京

图书在版编目（CIP）数据

Photoshop 2020标准培训教程 / 数字艺术教育研究
室编著. -- 北京：人民邮电出版社，2022.1（2023.2重印）
ISBN 978-7-115-55788-9

Ⅰ．①P… Ⅱ．①数… Ⅲ．①图像处理软件 Ⅳ．
①TP391.413

中国版本图书馆CIP数据核字(2021)第026127号

内 容 提 要

  本书全面系统地介绍了 Photoshop 的基本操作方法和图形图像处理技巧，包括图像处理基础知识、Photoshop 基本操作、绘制和编辑选区、绘制图像、修饰图像、编辑图像、绘制图形和路径、调整图像的色彩和色调、图层的应用、应用文字、通道与蒙版、滤镜效果和商业案例实训等内容。

  本书将案例融入软件功能的介绍中，力求通过课堂案例演练，使读者快速掌握软件的应用技巧；在学习了基础知识和基本操作后，通过课堂练习和课后习题实践，拓展读者的实际应用能力。本书的最后一章精心安排了几个精彩实例，力求通过这些实例的制作，使读者提高艺术设计创意能力。

  本书附带学习资源，内容包括书中所有案例的素材、效果文件和在线视频，读者可通过在线方式获取这些资源，具体方法请参看本书前言。

  本书适合作为院校和培训机构艺术专业课程的教材，也可作为 Photoshop 自学人士的参考用书。

◆ 编 著 数字艺术教育研究室
  责任编辑 李 东
  责任印制 马振武

◆ 人民邮电出版社出版发行 北京市丰台区成寿寺路 11 号
  邮编 100164 电子邮件 315@ptpress.com.cn
  网址 https://www.ptpress.com.cn
  北京捷迅佳彩印刷有限公司印刷

◆ 开本：700×1000 1/16
  印张：14.5   2022 年 1 月第 1 版
  字数：372 千字   2023 年 2 月北京第 4 次印刷

定价：69.90 元

读者服务热线：(010)81055410 印装质量热线：(010)81055316
反盗版热线：(010)81055315
广告经营许可证：京东市监广登字 20170147 号

前　言

　　Photoshop是Adobe公司开发的图形图像处理软件。它功能强大、易学易用，深受图形图像处理爱好者和平面设计人员的喜爱。目前，我国很多院校和培训机构的艺术专业都将Photoshop作为一门重要的专业课程。为了帮助院校和培训机构的教师比较全面、系统地讲授这门课程，也为了帮助读者能够熟练地使用Photoshop进行设计创意，数字艺术教育研究室组织院校从事Photoshop教学的教师和专业平面设计公司经验丰富的设计师共同编写了本书。

　　我们对本书的编写体例做了精心的设计，按照"课堂案例—软件功能解析—课堂练习—课后习题"这一思路进行编排，力求通过课堂案例演练使读者快速熟悉软件功能和艺术设计思路；通过软件功能解析使读者深入学习软件功能和使用技巧；通过课堂练习和课后习题拓展读者的实际应用能力。在内容编写方面，力求细致全面、突出重点；在文字叙述方面，注意言简意赅、通俗易懂；在案例选取方面，注重案例的针对性和实用性。

　　本书附带学习资源，内容包括书中所有案例的素材及效果文件。读者在学完本书内容以后，可以调用这些资源进行深入练习。这些学习资源文件均可在线获取，扫描"资源获取"二维码，关注"数艺设"的微信公众号，即可得到资源文件获取方式，并且可以通过该方式获得"在线视频"的观看地址。另外，购买本书作为授课教材的教师也可以通过该方式获得教师专享资源，其中包括教学大纲、电子教案、PPT课件，以及课堂案例、课堂练习和课后习题的教学视频等相关教学资源包。如需资源获取技术支持，请致函szys@ptpress.com.cn。本书的参考学时为64学时，其中实训环节为34学时，各章的参考学时可以参见下面的学时分配表。

资源获取

章　序	课 程 内 容	学 时 分 配	
		讲　授	实　训
第1章	图像处理基础知识	1	
第2章	初识Photoshop	2	
第3章	绘制和编辑选区	1	2
第4章	绘制图像	2	2
第5章	修饰图像	2	2
第6章	编辑图像	2	2
第7章	绘制图形和路径	2	2
第8章	调整图像的色彩和色调	4	4
第9章	图层的应用	2	4
第10章	应用文字	2	4
第11章	通道与蒙版	2	4
第12章	滤镜效果	4	4
第13章	商业案例实训	4	4
学 时 总 计		30	34

　　由于时间仓促，编者水平有限，书中难免存在不足之处，敬请广大读者批评指正。

编　者
2021年8月

资源与支持

本书由"数艺设"出品，"数艺设"社区平台（www.shuyishe.com）为您提供后续服务。

学习资源

所有案例的素材、效果文件和在线视频

教师专享资源

教学大纲

电子教案

PPT课件

教学视频

资源获取请扫码

"数艺设"社区平台，为艺术设计从业者提供专业的教育产品。

与我们联系

我们的联系邮箱是 szys@ptpress.com.cn。如果您对本书有任何疑问或建议，请您发邮件给我们，并请在邮件标题中注明本书书名及ISBN，以便我们更高效地做出反馈。

如果您有兴趣出版图书、录制教学课程，或者参与技术审校等工作，可以发邮件给我们。如果学校、培训机构或企业想批量购买本书或"数艺设"出版的其他图书，也可以发邮件联系我们。

如果您在网上发现针对"数艺设"出品图书的各种形式的盗版行为，包括对图书全部或部分内容的非授权传播，请您将怀疑有侵权行为的链接通过邮件发给我们。您的这一举动是对作者权益的保护，也是我们持续为您提供有价值的内容的动力之源。

关于"数艺设"

人民邮电出版社有限公司旗下品牌"数艺设"，专注于专业艺术设计类图书出版，为艺术设计从业者提供专业的图书、视频电子书、课程等教育产品。出版领域涉及平面、三维、影视、摄影与后期等数字艺术门类，字体设计、品牌设计、色彩设计等设计理论与应用门类，UI设计、电商设计、新媒体设计、游戏设计、交互设计、原型设计等互联网设计门类，环艺设计手绘、插画设计手绘、工业设计手绘等设计手绘门类。更多服务请访问"数艺设"社区平台www.shuyishe.com。我们将提供及时、准确、专业的学习服务。

目　录

第 *1* 章

图像处理基础知识

本章介绍

本章主要介绍Photoshop图像处理的基础知识，包括位图与矢量图、分辨率、图像色彩模式和文件常用格式等。通过对本章的学习，读者可以快速掌握这些基础知识，从而更快、更准确地处理图像。

学习目标

- 了解位图、矢量图和分辨率。
- 熟悉不同的图像色彩模式。
- 熟悉常用的图像文件格式。

1.1 位图和矢量图

图像文件可以分为两大类：位图和矢量图。在绘图或处理图像的过程中，这两种类型的图像可以交叉使用。

1.1.1 位图

位图也叫点阵图，是由许多单独的小方块组成的，这些小方块被称为像素。每个像素都有特定的位置和颜色值，位图的显示效果与像素是紧密联系在一起的，不同位置和颜色的像素组合在一起，就构成了一幅色彩丰富的图像。单位尺寸的像素越多，图像的分辨率越高，相应地，图像文件的数据量也越大。

一幅位图的原始效果如图1-1所示，使用缩放工具放大后，可以清晰地看到小方块形状的像素，效果如图1-2所示。

| 图1-1 | 图1-2 |

位图与分辨率有关，如果在屏幕上以较大的倍数放大显示图像，或以低于创建时的分辨率打印图像，图像就会出现锯齿状的边缘，并

且会丢失细节。

1.1.2 矢量图

矢量图也叫向量图，它是一种基于几何特性来描述的图形。矢量图中的各种图形元素被称为对象，每一个对象都是独立的个体，都具有大小、颜色、形状和轮廓等属性。

矢量图与分辨率无关，可以将它设置为任意大小，其清晰度不变，也不会出现锯齿状的边缘。在任何分辨率下显示或打印，都不会损失细节。一幅矢量图的原始效果如图1-3所示，使用缩放工具放大后，其清晰度不变，效果如图1-4所示。

| 图1-3 | 图1-4 |

矢量图所占的存储空间较小，但其不易制作色调丰富的图像，而且无法像位图那样精确地描绘各种绚丽的景象。

1.2 分辨率

分辨率是用于描述图像精细程度的术语。分辨率分为图像分辨率、屏幕分辨率和输出分辨率。下面将分别进行讲解。

1.2.1 图像分辨率

在Photoshop中，图像中每单位长度上的像素数目称为图像的分辨率，其单位为像素/英寸或像素/厘米。

在相同尺寸的两幅图像中，高分辨率的图像包含的像素比低分辨率的图像包含的像素多。例如，一幅尺寸为1英寸×1英寸的图像，其分辨率为72像素/英寸，这幅图像包含5 184（72×72＝5 184）个像素。同样尺寸的分辨率为300像素/英寸的图像包含90 000个像素。相同尺寸下，分辨率为72像素/英寸的图像效果如图1-5所示，分辨率为10像素/英寸的图像效果如图1-6所示。由此可见，在相同尺寸下，高分辨率的图像更能清晰地表现图像内容。注：1英寸≈2.54厘米。

图1-5   图1-6

> **提示**
>
> 如果一幅图像所包含的像素数目是固定的，那么增大图像尺寸后会降低图像的分辨率。

1.2.2 屏幕分辨率

屏幕分辨率是显示器每单位长度显示的像素数目。屏幕分辨率取决于显示器大小及其设置。显示器的分辨率一般为72像素/英寸或96像素/英寸。在Photoshop中，图像像素被直接转换成显示器像素，当图像分辨率高于显示器分辨率时，屏幕中显示的图像比实际尺寸大。

1.2.3 输出分辨率

输出分辨率是照排机或打印机等输出设备每英寸产生的油墨点数。打印机的分辨率为300像素/英寸时，可以使图像获得比较好的效果。

1.3 图像的色彩模式

Photoshop提供了多种色彩模式，这些色彩模式正是作品能够在屏幕和印刷品上成功表现的重要保障。在这些色彩模式中，经常使用的有CMYK模式、RGB模式及灰度模式。另外，还有索引模式、Lab模式、HSB模式、位图模式、双色调模式和多通道模式等。这些模式都可以在"图像 > 模式"子菜单中选取，不同的色彩模式有不同的色域，各个模式之间可以相互转换。下面将介绍主要的色彩模式。

1.3.1 CMYK模式

在印刷中通常都要进行四色分色，出四色胶片，再进行印刷。CMYK代表了印刷上用的4种油墨颜色：C代表青色，M代表洋红色，Y代表黄色，K代表黑色。CMYK颜色控制面板如图1-7所示。

图1-7

CMYK模式应用了色彩学中的减法混合原理，是减色模式，是照片、插画和其他Photoshop作品中常用的一种印刷模式。

1.3.2 RGB模式

与CMYK模式不同的是，RGB模式是一种加色模式，通过红、绿、蓝3种色光相叠加而形成更多的颜色。RGB是色光的色彩模式。一幅24 bit的RGB图像有3个色彩信息的通道：红色（R）、绿色（G）和蓝色（B）。每个通道都有8 bit的色彩信息，即一个0~255的亮度值色域。也就是说，每一种色彩都有256个亮度级别。3种色彩相叠加，可以有256×256×256=16 777 216种可能的颜色。这么多种颜色足以表现出绚丽多彩的世界。RGB颜色控制面板如图1-8所示。

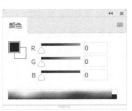

图1-8

在Photoshop中编辑图像时，建议选择RGB模式，因为它可以提供多达24 bit的色彩范围。

1.3.3 灰度模式

灰度图又叫8 bit深度图。每个像素用8个二进制位表示，能产生2^8（即256）级灰色调。当一个彩色文件被转换为灰度模式文件时，所有的颜色信息都将丢失。尽管Photoshop允许将一个灰度模式文件转换为彩色模式文件，但不可能将原来的颜色完全还原。所以，当要转换灰度模式时，应先做好图像的备份。

与黑白照片一样，一个灰度模式的图像只有明暗值，没有色相和饱和度这两种颜色信息。灰度模式颜色控制面板如图1-9所示。其中的K值用于衡量黑色油墨用量，0%代表白，100%代表黑。

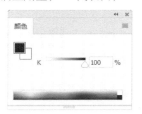

图1-9

提示

将彩色模式转换为双色调模式或位图模式时，必须先转换为灰度模式，然后由灰度模式转换为双色调模式或位图模式。

1.4 常用的图像文件格式

当用Photoshop制作或处理好一幅图像后，就要进行存储。这时，选择一种合适的文件格式就显得十分重要。Photoshop有20多种文件格式可供选择。在这些文件格式中，既有Photoshop的专用格式，也有用于应用程序交换的文件格式，还有一些比较特殊的格式。下面将介绍几种常用的文件格式。

1.4.1 PSD格式和PDD格式

PSD格式和PDD格式是Photoshop自身的专用文件格式，能够保存图像数据的细小部分，如图层、蒙版、通道等Photoshop对图像进行特殊处理的信息，但由于在一些图形处理软件中不能获得很好的支持，所以其通用性不强。在没有最终决定图像存储的格式前，最好先以这两种格式存储。另外，Photoshop打开和存储这两种格式的文件比其他格式更快。但是，这两种格式也有缺点，就是它们所存储的图像文件大，占用的磁盘空间较多。

1.4.2 TIFF格式

TIFF格式是标签图像格式，可以用于Windows、macOS及UNIX三大平台，是这三大平台上使用很广泛的图像格式。

使用TIFF格式存储图像时应考虑文件的大小，因为TIFF格式的结构要比其他格式更复杂。TIFF格式支持24个通道。TIFF格式非常适合用于印刷和输出。

1.4.3　GIF格式

GIF格式的图像文件比较小，是一种压缩的8 bit图像文件。正因为这样，一般用这种格式的文件来缩短图像的加载时间。在网络中传送图像文件时，传送GIF格式的图像文件要比传送其他格式的图像文件快得多。另外，GIF格式可以同时存储若干幅静止图像进而形成连续的动画，是动图最常见的存储格式。

1.4.4　JPEG格式

JPEG格式既是Photoshop支持的一种文件格式，也是一种压缩方案，是常用的一种存储格式。JPEG格式是压缩格式中的"佼佼者"。与TIFF文件格式采用的LZW无损压缩算法相比，JPEG使用有损压缩算法，压缩比例更大，但会丢失部分数据。用户可以在存储前选择图像的品质，以控制图像的损失程度。

1.4.5　EPS格式

EPS格式是Illustrator和Photoshop之间交换数据的文件格式。Illustrator软件制作出来的流动曲线、简单图形和专业图像一般都存储为EPS格式。Photoshop可以获取这种格式的文件。在Photoshop中，也可以把其他图形文件存储为EPS格式，在排版类的InDesign和绘图类的Illustrator等软件中使用。

1.4.6　选择合适的图像文件存储格式

可以根据工作任务的需要选择合适的图像文件存储格式。下面根据图像的不同用途介绍应该选择的图像文件存储格式。

印刷：TIFF、EPS。

出版物：PDF。

Internet图像：GIF、JPEG、PNG。

Photoshop图像处理：PSD、PDD、TIFF。

第 2 章

初识Photoshop

本章介绍

本章对Photoshop的基本操作进行讲解。通过对本章的学习，读者可以对Photoshop的各项功能有一个大体的了解，有助于在制作图像的过程中快速找到相应功能。

学习目标

- 熟悉软件的工作界面。
- 掌握文件的操作方法。
- 掌握图像的显示方法。
- 掌握辅助线和绘图颜色的设置方法。
- 掌握图层的基本操作方法。

2.1 工作界面

熟悉工作界面是学习Photoshop的基础。熟练掌握工作界面的内容，有助于初学者日后得心应手地驾驭Photoshop。Photoshop的工作界面主要由菜单栏、属性栏、工具箱、控制面板和状态栏组成，如图2-1所示。

图2-1

菜单栏： 菜单栏中共包含11个菜单。利用菜单命令可以完成编辑图像、调整色彩和添加滤镜效果等操作。

属性栏： 属性栏是工具箱中各个工具的功能扩展。在属性栏中设置不同的选项，可以快速地完成多样化的操作。

工具箱： 工具箱中包含了多个工具。利用不同的工具可以完成图像的绘制、观察和测量等操作。

控制面板： 控制面板是Photoshop的重要组成部分。通过不同的控制面板，可以完成填充颜色、设置图层和添加样式等操作。

状态栏： 状态栏可以显示当前文件的显示比例、文档大小、当前工具和暂存盘大小等提示信息。

2.1.1 菜单栏

1. 菜单分类

Photoshop的菜单栏包括"文件"菜单、"编辑"菜单、"图像"菜单、"图层"菜单、"文字"菜单、"选择"菜单、"滤镜"菜单、"3D"菜单、"视图"菜单、"窗口"菜单及"帮助"菜单，如图2-2所示。

文件(F) 编辑(E) 图像(I) 图层(L) 文字(Y) 选择(S) 滤镜(T) 3D(D) 视图(V) 窗口(W) 帮助(H)

图2-2

"文件"菜单： 包含新建、打开、存储、置入等针对文件的操作命令。

"编辑"菜单： 包含还原、剪切、复制、填充、描边等图像编辑命令。

"图像"菜单： 包含修改图像模式、调整图像颜色、改变图像大小等编辑图像的命令。

"图层"菜单： 包含图层的新建、编辑、调整命令。

"文字"菜单： 包含文字的创建、编辑和调整命令。

"选择"菜单： 包含选区的创建、选取、修改、存储和载入等命令。

"滤镜"菜单： 包含对图像进行各种艺术化处理的命令。

"3D"菜单： 包含创建3D模型、编辑3D属性、调整纹理及编辑光线等命令。

"视图"菜单： 包含图像视图的校样、显示和辅助信息的设置等命令。

"窗口"菜单： 包含排列、设置工作区，以及显示和隐藏控制面板的操作命令。

"帮助"菜单： 提供了各种帮助信息和技术支持。

2. 菜单命令的不同状态

包含子菜单的命令：有些菜单命令中包含了更多相关的菜单命令，包含子菜单的命令右侧会显示黑色的三角形▶，将鼠标指针放在带有三角形的菜单命令上，就会显示出其子菜单，如图2-3所示。

不可执行的菜单命令：当菜单命令不符合执行的条件时，就会显示为灰色，即不可执行状态。例如，在CMYK模式下，"滤镜"菜单中的部分菜单命令将变为灰色，不能使用。

可弹出对话框的菜单命令：当菜单命令后面显示有省略号"…"时，如图2-4所示，表示单击此菜单命令会弹出相应的对话框，可以在对话框中进行设置。

命令前后的菜单效果如图2-8和图2-9所示。

图2-3　　　　　　　图2-4

3. 显示或隐藏菜单命令

可以根据操作需要隐藏或显示指定的菜单命令。不经常使用的菜单命令可以暂时隐藏。选择"窗口 > 工作区 > 键盘快捷键和菜单"命令，弹出"键盘快捷键和菜单"对话框，如图2-5所示。

图2-5

单击"应用程序菜单命令"栏中的命令左侧的箭头按钮，将展开详细的菜单命令，如图2-6所示。单击"可见性"选项下方的眼睛图标，可将其相对应的菜单命令隐藏，如图2-7所示。

设置完成后，单击"存储对当前菜单组的所有更改"按钮，可以保存当前的修改。也可单击"根据当前菜单组创建一个新组"按钮，将当前的设置创建为一个新组。隐藏应用程序菜单

图2-6

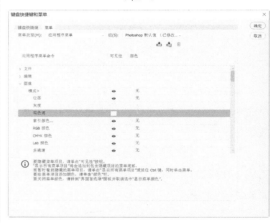

图2-7

图2-8　　　　　　　图2-9

4. 突出显示菜单命令

如果想要突出显示需要的菜单命令，可以为其设置颜色。选择"窗口 > 工作区 > 键盘快捷键和菜单"命令，弹出"键盘快捷键和菜单"对话框，在要突出显示的菜单命令后面单击"无"按钮，在弹出的下拉列表中可以选择需要的颜色

标注命令，如图2-10所示。可以为不同的菜单命令设置不同的颜色，如图2-11所示。设置好颜色后，菜单命令的效果如图2-12所示。

图2-10

图2-11

图2-12

5. 键盘快捷键

使用键盘快捷键：当要选择命令时，可以使用菜单命令旁标注的快捷键。例如，要选择"文件 > 打开"命令，直接按Ctrl+O组合键即可。

按住Alt键的同时，按菜单栏中菜单名称后面括号内的字母按键，可以打开相应的菜单，再按菜单命令后括号内的字母按键即可执行相应的命令。例如，要打开"选择"菜单，按Alt+S组合键即可，要想选择菜单中的"色彩范围"命令，再按C键即可。

自定义键盘快捷键：为了更方便地使用最常用的命令，Photoshop提供了自定义键盘快捷键和保存键盘快捷键的功能。

选择"窗口 > 工作区 > 键盘快捷键和菜单"命令，弹出"键盘快捷键和菜单"对话框，选择"键盘快捷键"选项卡，如图2-13所示。对话框下面的信息栏中说明了快捷键的设置方法，在"组"选项中可以选择要设置快捷键的组合，在"快捷键用于"选项中可以选择需要设置快捷键的菜单或工具，在下面的选项中可以选择需要设置的命令或工具，如图2-14所示。

图2-13

图2-14

设置新的快捷键后，单击对话框右上方的"根据当前的快捷键组创建一组新的快捷键"按钮，弹出"另存为"对话框，在"文件名"文本框中输入名称，如图2-15所示。单击"保存"按钮，即可存储新的快捷键设置。这时，在"组"选项中即可选择新的快捷键设置，如图2-16所示。

图2-15

图2-16

更改快捷键设置后，需要单击"存储对当前快捷键组的所有更改"按钮对设置进行存储，单击"确定"按钮，应用更改后的快捷键设置。要将快捷键的设置删除，可以在对话框中单击"删除当前的快捷键组合"按钮，Photoshop会自动还原为默认设置。

提示

在为控制面板或应用程序菜单中的命令定义快捷键时，这些快捷键必须包括Ctrl键或一个功能键；在为工具箱中的工具定义快捷键时，必须使用A～Z的字母。

2.1.2 工具箱

Photoshop的工具箱包括选择工具、绘图工具、填充工具、编辑工具、颜色选择工具、屏幕视图工具和快速蒙版工具等，如图2-17所示。想要了解每个工具的名称和功能，可以将鼠标指针放置在工具的上方，此时会出现一个演示框，上面会显示该工具的名称和功能，如图2-18所示。工具名称后面括号中的字母代表此工具的快捷键，只要在键盘上按该字母按键，就可以快速切换到相应的工具。

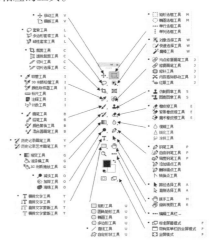

图2-17

图2-18

切换工具箱的显示状态：Photoshop的工具箱可以根据需要在单栏与双栏之间自由切换。当前工具箱显示为双栏，如图2-19所示。单击工具箱上方的双三角形图标，工具箱即可转换为单栏，如图2-20所示。

图2-19

图2-25

2.1.3 属性栏

当选择某个工具后，会出现相应的工具属性栏，可以通过属性栏对工具进行进一步的设置。例如，当选择魔棒工具 时，工作界面的上方会出现相应的魔棒工具属性栏，可以应用属性栏中的各个选项对工具做进一步的设置，如图2-26所示。

图2-26

2.1.4 状态栏

打开一幅图像时，工作界面的下方会出现该图像的状态栏，如图2-27所示。状态栏的左侧显示当前图像缩放显示的百分数。在显示比例文本框中输入数值可改变图像窗口的显示比例。

显示比例—66.67% 700 像素 x 1050 像素 (150 ppi) —图像信息区

图2-27

状态栏的中间部分显示当前图像的文件信息，单击箭头图标 ，在弹出的菜单中可以选择要显示的信息，如图2-28所示。

图2-28

2.1.5 控制面板

控制面板是处理图像时一个不可或缺的部分。Photoshop为用户提供了多个控制面板。

图2-20

显示隐藏的工具：在工具箱中，部分工具图标的右下方有一个黑色的小三角 ，表示该工具下有隐藏的工具。在工具箱中有小三角的工具图标上按住鼠标左键不放，弹出隐藏的工具选项，如图2-21所示。将鼠标指针移动到需要的工具图标上，单击即可选择该工具。

恢复工具的默认设置：要想恢复工具默认的设置，可以选择该工具，在相应的工具属性栏中用鼠标右键单击工具图标，在弹出的菜单中选择"复位工具"命令，如图2-22所示。

图2-21   图2-22

鼠标指针的显示状态：当选择工具箱中的工具后，鼠标指针就变为相应的形状。例如，选择裁剪工具 ，图像窗口中的鼠标指针也随之显示为相应的形状，如图2-23所示。选择画笔工具 ，鼠标指针显示为画笔工具的对应形状，如图2-24所示。按下Caps Lock键，鼠标指针转换为精确的十字形，如图2-25所示。

图2-23

图2-24

收缩与展开控制面板：控制面板可以根据需要进行收缩与展开。面板的展开状态如图2-29所示。单击控制面板上方的双三角形图标 ▸▸ ，可以将控制面板收缩，如图2-30所示。如果要展开某个控制面板，可以直接单击其标签，相应的控制面板会自动弹出，如图2-31所示。

图2-29

图2-30

图2-31

拆分控制面板：若需要拆分出某个控制面板，可用鼠标选中该控制面板的选项卡并向工作区中拖曳，如图2-32所示，选中的控制面板将被拆分出来，如图2-33所示。

图2-32

图2-33

组合控制面板：可以根据需要将两个或多个控制面板组合成一个面板组，这样可以节省操作的空间。要组合控制面板，可以选中外部控制面板的选项卡，将其拖曳到要组合的面板组中，面板组周围出现蓝色的边框，如图2-34所示。此时，释放鼠标左键，控制面板将被组合到面板组中，如图2-35所示。

图2-34

图2-35

控制面板菜单：单击控制面板右上方的 ☰ 图标，会弹出控制面板的相关菜单，这些菜单可以扩展控制面板的功能，如图2-36所示。

图2-36

隐藏与显示控制面板：按Tab键，可以隐藏工具箱、属性栏和控制面板；再次按Tab键，可以显示出隐藏的部分。按Shift+Tab组合键，可以隐藏控制面板；再次按Shift+Tab组合键，可以显示出隐藏的部分。

提示

按F5键可以显示或隐藏"画笔"设置控制面板，按F6键可以显示或隐藏"颜色"控制面板，按F7键可以显示或隐藏"图层"控制面板，按F8键可以显示或隐藏"信息"控制面板，按住Alt+F9组合键可以显示或隐藏"动作"控制面板。

自定义工作区：可以依据操作习惯自定义工作区、存储控制面板及设置工具的排列方式，设计出个性化的Photoshop界面。

设置完工作区后，选择"窗口 > 工作区 > 新建工作区"命令，弹出"新建工作区"对话框，如图2-37所示。输入工作区名称，单击"存储"按钮，即可将自定义的工作区存储。

图2-37

要使用自定义工作区，在"窗口 > 工作区"子菜单中选择保存的工作区名称即可。如果要恢复使用Photoshop默认的工作区状态，可以选择"窗口 > 工作区 > 复位基本功能"命令进行恢复。选择"窗口 > 工作区 > 删除工作区"命令，可以删除自定义的工作区。

2.2 文件操作

掌握文件的基本操作方法是设计和制作作品所必需的技能。下面将具体介绍Photoshop软件中文件的基本操作方法。

2.2.1 新建图像

新建图像是使用Photoshop进行设计的第一步。如果要在一个空白的图像上绘图，就要在Photoshop中新建一个图像文件。

选择"文件 > 新建"命令，或按Ctrl+N组合键，弹出"新建文档"对话框，如图2-38所示。

根据需要单击上方的类别选项卡，选择需要的预设文档类型；或在右侧的选项中修改图像的名称、宽度、高度、分辨率和颜色模式等参数新建文档。单击图像名称右侧的 按钮，可新建文

档预设。设置完成后单击"创建"按钮，即可新建图像，如图2-39所示。

图2-38

图2-39

2.2.2 打开图像

如果要对照片或图片进行修改和处理，就要在Photoshop中打开需要的图像。

选择"文件 > 打开"命令，或按Ctrl+O组合键，弹出"打开"对话框，在对话框中选择文件，确认文件类型和名称，如图2-40所示，单击"打开"按钮，或直接双击文件，即可打开指定的图像文件，如图2-41所示。

图2-40

图2-41

2.2.3 保存图像

编辑完图像后，就需要将图像保存，以便于下次打开继续操作。

选择"文件 > 存储"命令，或按Ctrl+S组合键，可以存储文件。当设计好的作品进行第一次存储时，选择"文件 > 存储"命令，将弹出"另存为"对话框，如图2-42所示。在对话框中输入文件名，选择文件格式后，单击"保存"按钮，即可将图像保存。

图2-42

2.2.4 关闭图像

选择"文件 > 关闭"命令，或按Ctrl+W组合键，可以关闭文件。关闭文件时，若当前文件被修改过或是新建的文件，则会弹出提示对话框，如图2-43所示，单击"是"按钮即可存储并关闭图像文件。

图2-43

2.3 图像的显示

使用Photoshop处理图像时，可以改变图像的显示比例，使工作更便捷、高效。

2.3.1 100%显示图像

100%显示图像的效果如图2-44所示。在此状态下可以查看图像的原貌。

图2-44

2.3.2 放大显示图像

选择缩放工具 🔍，鼠标指针变为🔍形状，每单击一次，图像就会放大一级。当图像以100%的比例显示时，在图像窗口中单击一次，则图像以200%的比例显示，效果如图2-45所示。

当要放大一个指定的区域时，在需要的区域拖曳鼠标，选中的区域会放大显示，当放大到需要的大小后松开鼠标左键。取消勾选"细微缩放"复选框，可以在图像上框选出矩形选区，如图2-46所示，以将选中的区域放大，如图2-47所示。

按Ctrl++组合键，可逐级放大图像，例如，可从100%的显示比例放大到200%、300%、400%。

图2-45

图2-46

图2-47

2.3.3 缩小显示图像

缩小显示图像，一方面可以用有限的屏幕空间显示出更多的图像，另一方面可以看到一个较大图像的全貌。

选择缩放工具 🔍，鼠标指针变为🔍形状，按住Alt键不放，鼠标指针变为🔍形状。每单击一次，图像将缩小一级。缩小后的效果如图2-48所示。按Ctrl+-组合键，可逐级缩小图像，如图2-49所示。

图2-48   图2-49

也可在缩放工具属性栏中单击"缩小"按钮 🔍，切换到缩小工具，如图2-50所示。

图2-50

2.3.4 全屏显示图像

若要将图像窗口放大到填满整个屏幕，可

以在缩放工具的属性栏中单击"适合屏幕"按钮 适合屏幕 ，再勾选"调整窗口大小以满屏显示"选项，如图2-51所示。这样在放大图像时，窗口就会和屏幕的尺寸相适应，效果如图2-52所示。单击"100%"按钮 100% ，图像将以实际像素比例显示。单击"填充屏幕"按钮 填充屏幕 ，将缩放图像以适合屏幕。

图2-51

图2-52

2.3.5 图像窗口显示

当打开多个图像文件时，会出现多个图像文件窗口，这就需要对窗口进行布置和摆放。

同时打开多幅图像，如图2-53所示。按Tab键，关闭操作界面中的工具箱、属性栏和控制面板，如图2-54所示。

图2-53

图2-54

选择"窗口 > 排列 > 全部垂直拼贴"命令，图像窗口的排列效果如图2-55所示。选择"窗口 > 排列 > 全部水平拼贴"命令，图像窗口的排列效果如图2-56所示。

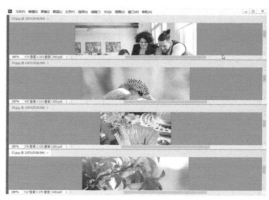

图2-55

图2-56

选择"窗口 > 排列 > 双联水平"命令，图像窗口的排列效果如图2-57所示。选择

"窗口 > 排列 > 双联垂直"命令，图像窗口的排列效果如图2-58所示。

图2-57

图2-58

选择"窗口 > 排列 > 三联水平"命令，图像窗口的排列效果如图2-59所示。选择"窗口 > 排列 > 三联垂直"命令，图像窗口的排列效果如图2-60所示。

图2-59

图2-60

选择"窗口 > 排列 > 三联堆积"命令，图像窗口的排列效果如图2-61所示。选择"窗口 > 排列 > 四联"命令，图像窗口的排列效果如图2-62所示。

图2-61

图2-62

选择"窗口 > 排列 > 将所有内容合并到选项卡中"命令，图像窗口的排列效果如图2-63所示。选择"窗口 > 排列 > 在窗口中浮动"命令，图像窗口的排列效果如图2-64所示。

图2-63

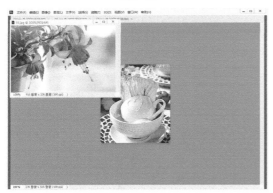

图2-64

选择"窗口 > 排列 > 使所有内容在窗口中浮动"命令，图像窗口的排列效果如图2-65所示。选择"窗口 > 排列 > 层叠"命令，图像窗口的排列效果与图2-65所示相同。选择"窗口 > 排列 > 平铺"命令，图像窗口的排列效果如图2-66所示。

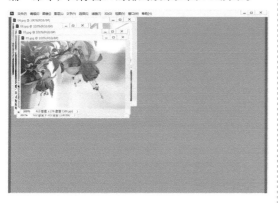

图2-65

图2-66

"匹配缩放"命令可以将所有窗口的缩放比例都匹配到与当前窗口相同。如图2-67所示，将01素材图片放大到120%显示，再选择"窗口 > 排列 > 匹配缩放"命令，所有图像窗口都将以120%的比例显示图像，如图2-68所示。

图2-67

图2-68

"匹配位置"命令可以将所有窗口的显示位置都匹配到与当前窗口相同。如图2-69所示，调整01素材图片的显示位置，选择"窗口 > 排列 > 匹配位置"命令，所有图像窗口显示相同的位置，如图2-70所示。

图2-69

图2-70

"匹配旋转"命令可以将所有窗口的视图旋转角度都匹配到与当前窗口相同。在工具箱中选择旋转视图工具 🖐，将01素材图片的视图旋转，如图2-71所示。选择"窗口 > 排列 > 匹配旋转"命令，所有图像窗口都旋转相同的角度，如图2-72所示。

"全部匹配"命令是将所有窗口的缩放比例、图像显示位置、画布旋转角度与当前窗口匹配。

图2-71

图2-72

2.3.6 观察放大后的图像

选择抓手工具 🖐，图像中的鼠标指针变为 🖐 形状，拖曳图像，可以观察图像的每个部分，效果如图2-73所示。拖曳图像周围的垂直和水平滚动条，也可观察图像的每个部分，效果如图2-74所示。如果正在使用其他的工具进行工作，按住空格键，可以快速切换到抓手工具 🖐。

图2-73　　　　　图2-74

2.4 标尺、参考线和网格线的设置

标尺、参考线和网格线的设置可以使图像处理更加精确。实际设计任务中的许多问题都需要使用标尺、参考线和网格线来解决。

2.4.1 标尺的设置

设置标尺可以精确地处理图像。选择"编辑 > 首选项 > 单位与标尺"命令,弹出相应的对话框,如图2-75所示。

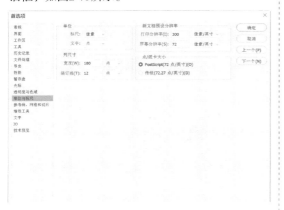

图2-75

单位:用于设置标尺和文字的显示单位,有不同的显示单位供选择。新文档预设分辨率:用于设置新建文档的预设分辨率。列尺寸:用于设置导入排版软件的图像所占据的列宽度和装订线的尺寸。点/派卡大小:与输出有关的参数。

选择"视图 > 标尺"命令,可以将标尺显示或隐藏,如图2-76和图2-77所示。

图2-76

图2-77

将鼠标指针放在标尺的原点处,如图2-78所示。按住鼠标左键不放,向右下方拖曳鼠标

到适当的位置,如图2-79所示,释放鼠标左键,标尺的原点就变为释放鼠标左键的位置,如图2-80所示。

图2-78

图2-79

图2-80

2.4.2 参考线的设置

设置参考线:将鼠标指针放在水平标尺上,按住鼠标左键不放,可以向下拖曳出水平的参考线,如图2-81所示。将鼠标指针放在竖直标尺上,按住鼠标左键不放,可以向右拖曳出竖直的参考线,如图2-82所示。

图2-81

图2-82

显示或隐藏参考线：选择"视图 > 显示 > 参考线"命令，可以显示或隐藏参考线，此命令只有在存在参考线的前提下才能应用。

移动参考线：选择移动工具 ⊕，将鼠标指针放在参考线上，指针变为 ⇼ 形状时，按住鼠标左键拖曳，可以移动参考线。

锁定、清除、新建参考线：选择"视图 > 锁定参考线"命令或按Alt+Ctrl+;组合键，可以将参考线锁定，参考线被锁定后将不能移动。选择"视图 > 清除参考线"命令，可以将参考线清除。选择"视图 > 新建参考线"命令，弹出"新建参考线"对话框，如图2-83所示，设置好后单击"确定"按钮，图像中就会出现新建的参考线。

图2-83

2.4.3 网格线的设置

选择"编辑 > 首选项 > 参考线、网格和切片"命令，弹出相应的对话框，如图2-84所示。

图2-84

参考线：用于设定参考线的颜色和样式。**网格**：用于设定网格的颜色、样式、网格线间隔和子网格等。**切片**：用于设定切片的颜色和显示切片的编号。**路径**：用于设定路径的颜色。

选择"视图 > 显示 > 网格"命令，可以显示或隐藏网格，如图2-85和图2-86所示。

图2-85

图2-86

提示

按Ctrl+R组合键，可以将标尺显示或隐藏。按Ctrl+;组合键，可以将参考线显示或隐藏。按Ctrl+'组合键，可以将网格显示或隐藏。

2.5 图像和画布尺寸的调整

根据制作过程中不同的需求，可以随时调整图像与画布的尺寸。

2.5.1 图像尺寸的调整

打开一幅图像，选择"图像 > 图像大小"命令，弹出"图像大小"对话框，如图2-87所示。

图2-87

图像大小：通过改变"宽度""高度"和"分辨率"选项的数值，改变图像文档的大小，图像的尺寸也相应改变。

缩放样式：单击 ✿· 按钮，勾选此选项后，若在图像操作中添加了图层样式，可以在调整大小时自动缩放样式。

尺寸：指图像的宽度和高度方向上的总像素数，单击"尺寸"右侧的 ✓ 按钮，可以改变计量单位。

调整为：选取预设以调整图像大小。

约束比例 ₰：单击后变为 ₰，表示改变"宽度"和"高度"中的一个选项的设置时，两个选项会成比例地同时改变。

分辨率：指位图图像中的细节精细度，默认的计量单位是像素/英寸，每英寸的像素越多，分辨率越高。

重新采样：不勾选此复选框，"尺寸"的数值将不会改变，"宽度""高度"和"分辨率"选项左侧将出现锁链标志 ₰，改变数值时3个选项会同时改变，如图2-88所示。

在"图像大小"对话框中可以改变选项数值的计量单位，在选项右侧的下拉列表中进行选择，如图2-89所示。单击"调整为"选项右侧的下拉按钮，在弹出的下拉菜单中选择"自动分辨率"命令，弹出"自动分辨率"对话框，如图2-90所示，设置完成后单击"确定"按钮，系统将自动调整图像的分辨率和品质。

图2-88

图2-89

图2-90

2.5.2 画布尺寸的调整

图像画布尺寸的大小是指当前图像周围的工作空间的大小。选择"图像 > 画布大小"命令，弹出"画布大小"对话框，如图2-91所示。

图2-91

当前大小：显示的是当前文件画布的大小。

新建大小：用于重新设定图像画布的大小。

定位：可调整图像在新画布中的位置，可偏左、居中或在右上角等，如图2-92所示。

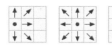

图2-92

设置不同的调整方式，图像调整后的效果如图2-93所示。

画布扩展颜色： 在此选项的下拉列表中可以选择填充图像周围扩展部分的颜色，可以选择前景色、背景色或Photoshop中的默认颜色，也可以自己调配所需颜色。

图2-93（续）

在对话框中进行设置，如图2-94所示，单击"确定"按钮，效果如图2-95所示。

图2-94

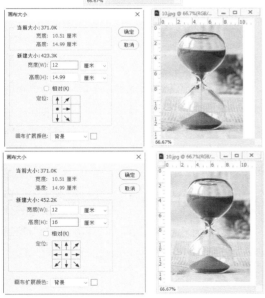

图2-93

图2-95

2.6 ▶ 设置绘图颜色

在Photoshop中可以使用"拾色器"对话框、"颜色"控制面板和"色板"控制面板对图像进行色彩的设置。

2.6.1 使用"拾色器"对话框设置颜色

单击工具箱中的"设置前景色/设置背景色"图标,弹出"拾色器"对话框,用鼠标在色带上单击或拖曳两侧的三角形滑块,如图2-96所示,可以使色相产生变化。

图2-96

左侧的颜色选择区:可以选择颜色的明度和饱和度,竖直方向表示的是明度的变化,水平方向表示的是饱和度的变化。

右侧上方的颜色框:显示所选择的颜色,下方是所选颜色的HSB、RGB、CMYK和Lab值,选择好颜色后,单击"确定"按钮,所选择的颜色将变为工具箱中的前景色或背景色。

右侧下方的数值框:可以输入颜色的HSB、RGB、CMYK、Lab值,以得到需要的颜色。

只有Web颜色:勾选此复选框,颜色选择区中会出现供网页使用的颜色,如图2-97所示,右侧的数值框# 000000 中显示的是网页颜色的数值。

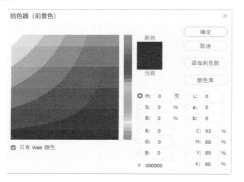

图2-97

在"拾色器"对话框中单击 颜色库 按钮,弹出"颜色库"对话框,如图2-98所示。在对话框中,"色库"下拉列表中是一些常用的印刷颜色体系,如图2-99所示,其中"TRUMATCH"是用于印刷设计的印刷颜色体系。

图2-98

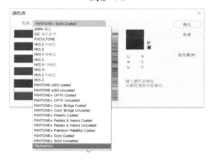

图2-99

在"颜色库"对话框中,单击或拖曳色相区域两侧的三角形滑块,可以使色相产生变化,在颜色选择区中选择带有编码的颜色,对话框右侧上方的颜色框中会显示出所选择的颜色,右侧下方是所选择颜色的色值。

2.6.2 使用"颜色"控制面板设置颜色

选择"窗口>颜色"命令,弹出"颜色"控制面板,如图2-100所示,可以改变前景色和背景色。

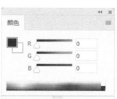

图2-100

单击左侧的"设置前景色/设置背景色"图标■,确定所调整的是前景色还是背景色,拖曳三角滑块或在色带中选择所需的颜色,或直接在颜色的数值框中输入数值调整颜色。

　　单击"颜色"控制面板右上方的≡图标，弹出面板菜单，如图2-101所示，此菜单用于设定"颜色"控制面板中显示的颜色模式，可以在不同的颜色模式中调整颜色。

图2-101

2.6.3 使用"色板"控制面板设置颜色

　　选择"窗口 > 色板"命令，弹出"色板"控制面板，如图2-102所示，可以选取一种颜色来改变前景色或背景色。单击"色板"控制面板右上方的≡图标，弹出面板菜单，如图2-103所示。

图2-102　　　　图2-103

　　新建色板预设：用于新建一个色板。新建色板组：用于新建一个色板组。重命名色板：用于重命名色板。删除色板：用于删除色板。小型缩览图：可使控制面板显示最小型图标。小/大缩览图：可使控制面板显示为小/大图标。小/大列表：可使控制面板显示为小/大列表。显示最近使用的项目：可显示最近使用的颜色。恢复默认色板：用于恢复系统的初始设置状态。导入色板：用于向"色板"控制面板中增加色板文件。导出所选色板：用于将当前"色板"控制面板中的色板文件存入硬盘。导出色板以供交换：用于将当前"色板"控制面板中的色板文件存入硬盘并供交换使用。旧版色板：用于使用旧版的色板。

　　在"色板"控制面板中，单击"创建新色板"按钮 ⊞ ，如图2-104所示，弹出"色板名称"对话框，如图2-105所示，单击"确定"按钮，即可将当前的前景色添加到"色板"控制面板中，如图2-106所示。

　　在"色板"控制面板中，将鼠标指针移到色标上，指针变为吸管 ✐ ，如图2-107所示，此时单击鼠标，将设置吸取的颜色为前景色，如图2-108所示。

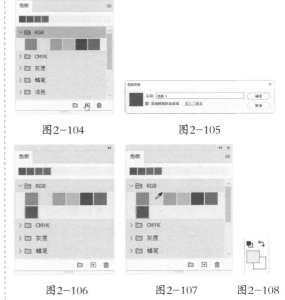

图2-104　　　　　　　图2-105

图2-106　　　　图2-107　　　图2-108

2.7 图层的基本操作

使用图层可在不影响图像中其他图像元素的情况下处理某一图像元素。可以将图层想象成一张张叠起来的硫酸纸，透过图层的透明区域可以看到下面的图层。通过更改图层的顺序和属性可以改变图像的合成。图像效果如图2-109所示，其图层原理图如图2-110所示。

图2-109

图2-110

2.7.1 "图层"控制面板

"图层"控制面板列出了图像中的所有图层、图层组和图层效果，如图2-111所示。可以使用"图层"控制面板来搜索图层、显示和隐藏图层、创建新图层以及处理图层组。还可以在"图层"控制面板的菜单中选择其他命令。

图2-111

图层搜索功能：在 类型 下拉列表中可以选取9种不同的搜索方式。类型：可以通过单击"像素图层"按钮 、"调整图层"按钮 、"文字图层"按钮 T 、"形状图层"按钮 口 和"智能对象"按钮 来搜索需要的图层类型。名称：可以通过在右侧的框中输入图层名称来搜索图层。效果：通过图层应用的图层样式来搜索图层。模式：通过图层设定的混合模式来搜索图层。属性：通过图层的可见性、锁定、链接、混合和蒙版等属性来搜索图层。颜色：通过不同的图层颜色来搜索图层。智能对象：通过图层中不同智能对象的链接方式来搜索图层。选定：通过选定的图层来搜索图层。画板：通过画板来搜索图层。

图层的混合模式 正常 ：用于设定图层的混合模式，共有27种混合模式。

不透明度：用于设定图层的不透明度。

填充：用于设定图层的填充百分比。

眼睛图标 ：用于显示或隐藏图层中的内容。

锁链图标 ：表示图层与图层之间的链接关系。

T图标：表示此图层为可编辑的文字图层。

fx图标：表示为图层添加了样式。

"图层"控制面板的上方有5个工具按钮，如图2-112所示。

锁定：☒ ✐ ✛ 口 🔒

图2-112

锁定透明像素 ：用于锁定当前图层中的透明区域，使透明区域不能被编辑。

锁定图像像素 ：使当前图层和透明区域不能被编辑。

锁定位置 ：使当前图层不能被移动。

防止在画板内外自动嵌套 ：锁定画板在画布上的位置，阻止在画板内部或外部自动嵌套。

锁定全部 🔒：使当前图层或序列完全被锁定。

"图层"控制面板的下方有7个工具按钮，如图2-113所示。

图2-113

链接图层 ∞：使所选图层和当前图层成为一组，当对一个链接图层进行操作时，将影响一组链接图层。

添加图层样式 *fx.*：为当前图层添加图层样式效果。

添加蒙版 ◻：将在当前图层上创建一个蒙版。在图层蒙版中，黑色代表隐藏图像，白色代表显示图像。可以使用画笔等绘图工具对蒙版进行绘制，还可以将蒙版转换成选择区域。

创建新的填充或调整图层 ◑.：可对图层进行颜色填充和效果调整。

创建新组 ▢：用于新建一个文件夹，可在其中放入图层。

创建新图层 ⊞：用于在当前图层的上方创建一个新图层。

删除图层 🗑：可以将不需要的图层拖曳到此处进行删除。

2.7.2 面板菜单

单击"图层"控制面板右上方的 ≡ 图标，弹出一个菜单，如图2-114所示。

2.7.3 新建图层

使用控制面板菜单：单击"图层"控制面板右上方的 ≡ 图标，弹出面板菜单，选择"新建图层"命令，弹出"新建图层"对话框，如图

图2-114

2-115所示。

图2-115

名称：用于设定新图层的名称，可以选择使用前一图层创建剪贴蒙版。**颜色：**用于设定新图层的颜色。**模式：**用于设定新图层的混合模式。**不透明度：**用于设定新图层的不透明度。

使用控制面板按钮：单击"图层"控制面板下方的"创建新图层"按钮 ⊞，可以创建一个图层。按住Alt键的同时，单击"创建新图层"按钮 ⊞ 将弹出"新建图层"对话框，设置完成后单击"确定"按钮，即可创建一个新图层。

使用"图层"菜单命令或快捷键：选择"图层 > 新建 > 图层"命令，弹出"新建图层"对话框。按Shift+Ctrl+N组合键，也会弹出"新建图层"对话框，设置完成后单击"确定"按钮，即可创建一个新图层。

2.7.4 复制图层

使用控制面板菜单：单击"图层"控制面板右上方的 ≡ 图标，弹出面板菜单，选择"复制图层"命令，弹出"复制图层"对话框，如图2-116所示。

图2-116

为：用于设定复制的图层的名称。**文档：**用于设定复制的图层的文件来源。

使用控制面板按钮：将需要复制的图层拖曳到控制面板下方的"创建新图层"按钮 ⊞ 上，可以将所选的图层复制，得到一个新图层。

使用菜单命令：选择"图层 > 复制图层"命令，弹出"复制图层"对话框，设置完成后单击"确定"按钮，即可复制图层。

使用鼠标拖曳的方法在不同图像之间复制图层：打开目标图像和需要复制的图层所在的图像，将需要复制的图层直接拖曳到目标图像中，图层复制完成。

2.7.5 删除图层

使用控制面板菜单：单击"图层"控制面板右上方的≡图标，弹出面板菜单，选择"删除图层"命令，弹出提示对话框，如图2-117所示，单击"是"按钮，删除图层。

图2-117

使用控制面板按钮：选中要删除的图层，单击"图层"控制面板下方的"删除图层"按钮🗑，即可删除图层。也可将需要删除的图层直接拖曳到"删除图层"按钮🗑上进行删除。

使用菜单命令：选择"图层 > 删除 > 图层"命令，即可删除图层。

2.7.6 图层的显示和隐藏

单击"图层"控制面板中任意图层左侧的眼睛图标👁，可以隐藏这个图层；单击图层右侧的空白图标⬜，可以显示该图层。

按住Alt键的同时，单击"图层"控制面板中任意图层左侧的眼睛图标👁，此时，图层控制面板中将只显示这个图层，其他图层被隐藏。

2.7.7 图层的选择、链接和排列

选择图层：用鼠标单击"图层"控制面板中的任意一个图层，可以选择这个图层。

选择移动工具⊕，用鼠标右键单击窗口中的图像，弹出一组供选择的图层选项菜单，选择所需要的图层即可。

链接图层：当要同时对多个图层中的图像进行操作时，可以将多个图层链接，方便操作。选中要链接的图层，如图2-118所示，单击"图层"控制面板下方的"链接图层"按钮∞，选中的图层被链接，如图2-119所示。再次单击"链接图层"按钮∞，可取消链接。

图2-118

图2-119

排列图层：在"图层"控制面板中的任意图层上按住鼠标左键不放，拖曳鼠标可将其调整到其他图层的上方或下方。

选择"图层 > 排列"命令，弹出"排列"命令的子菜单，选择其中的排列方式即可。

提示

按Ctrl+[组合键，可以将当前图层向下移动一层；按Ctrl+] 组合键，可以将当前图层向上移动一层；按Shift+Ctrl+[组合键，可以将当前图层移动到除了背景图层以外的所有图层的下方；按Shift +Ctrl+] 组合键，可以将当前图层移动到所有图层的上方。背景图层不能随意移动，可以将其转换为普通图层后再移动。

2.7.8 合并图层

"向下合并"命令用于向下合并图层。单击"图层"控制面板右上方的 ≡ 图标，在弹出的菜单中选择"向下合并"命令，或按Ctrl+E组合键即可完成操作。

"合并可见图层"命令用于合并所有可见图层。单击"图层"控制面板右上方的 ≡ 图标，在弹出的菜单中选择"合并可见图层"命令，或按Shift+Ctrl+E组合键即可完成操作。

"拼合图像"命令用于合并所有的图层。单击"图层"控制面板右上方的 ≡ 图标，在弹出的菜单中选择"拼合图像"命令即可完成操作。

2.7.9 图层组

当编辑多图层图像时，为了方便操作，可以将多个图层放置在一个图层组中。单击"图层"控制面板右上方的 ≡ 图标，在弹出的菜单中选择"新建组"命令，弹出"新建组"对话框，单击"确定"按钮，新建一个图层组，如图2-120所示。选中要放置到组中的多个图层，如图2-121所示。将选中的图层拖曳到图层组中，如图2-122所示。

图2-120

图2-121

图2-122

提示

单击"图层"控制面板下方的"创建新组"按钮 ▭ ，或选择"图层 > 新建 > 组"命令，可以新建图层组。还可选中要放置在图层组中的所有图层，按Ctrl+G组合键，自动生成新的图层组。

2.8 恢复操作的应用

在绘制和编辑图像的过程中，经常会错误地执行一个步骤或对制作的一系列效果不满意。当希望恢复到前一步或原来的图像效果时，可以使用恢复操作命令。

2.8.1 恢复到上一步的操作

在编辑图像的过程中可以随时将操作返回上一步，也可以还原图像到恢复前的效果。选择"编辑 > 还原"命令，或按Ctrl+Z组合键，可以恢复到图像的上一步操作。如果想把图像还原到恢复前的效果，再按Shift+Ctrl+Z组合键即可。

2.8.2 中断操作

在Photoshop中处理图像时，如果想中断正在进行的操作，可以按Esc键。

2.8.3 恢复到操作过程中的任意步骤

"历史记录"控制面板可以将进行过多次处理操作的图像恢复到任一步操作时的状态，即所谓的"多次恢复"。选择"窗口 > 历史记录"命令，弹出"历史记录"控制面板，如图2-123所示。

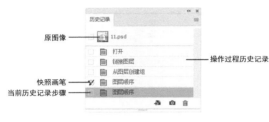

图2-123

控制面板下方的按钮从左至右依次为"从当前状态创建新文档"按钮 🔁 、"创建新快照"按钮 📷 和"删除当前状态"按钮 🗑 。

单击控制面板右上方的 ≡ 图标，弹出面板菜单，如图2-124所示。

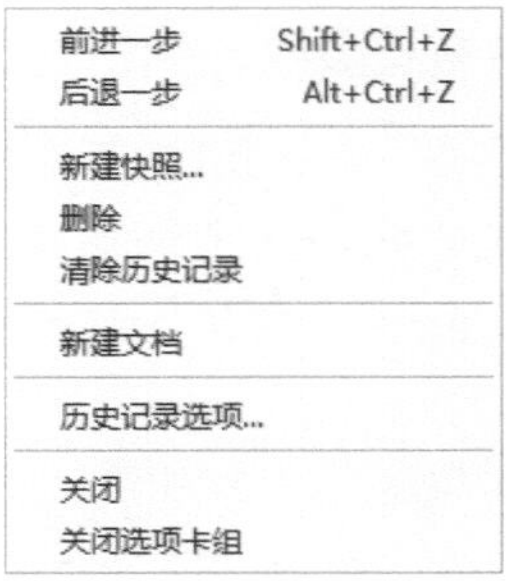

前进一步	Shift+Ctrl+Z
后退一步	Alt+Ctrl+Z
新建快照…	
删除	
清除历史记录	
新建文档	
历史记录选项…	
关闭	
关闭选项卡组	

图2-124

前进一步：用于将操作记录向下移动一步。

后退一步：用于将操作记录向上移动一步。

新建快照：用于根据当前操作记录建立新的快照。

删除：用于删除控制面板中的操作记录。

清除历史记录：用于清除控制面板中除最后一条记录外的所有记录。

新建文档：用于由当前状态或者快照建立新的文件。

历史记录选项：用于设置"历史记录"控制面板。

关闭和关闭选项卡组：用于关闭"历史记录"控制面板和控制面板所在的选项卡组。

第 *3* 章

绘制和编辑选区

本章介绍

本章将主要介绍Photoshop绘制选区的方法以及编辑选区的技巧。通过对本章的学习，读者可以学会绘制规则与不规则的选区，并对选区进行移动、反选、羽化等调整操作。

学习目标

- 熟练掌握选择工具的使用方法。
- 熟练掌握选区的操作技巧。

技能目标

- 掌握"时尚美食类电商Banner"的制作方法。
- 掌握"沙发详情页主图"的制作方法。

3.1 选择工具的使用

对图像进行编辑，首先要进行选择图像的操作。能够快捷精确地选择图像是提高图像处理效率的关键。

3.1.1 课堂案例——制作时尚美食类电商Banner

【案例学习目标】学习使用不同的选择工具来选择不同外形的图像，并应用移动工具将其合成Banner。

【案例知识要点】使用椭圆选框工具、磁性套索工具、多边形套索工具和魔棒工具抠出美食，使用移动工具合成图像，最终效果如图3-1所示。

【效果所在位置】Ch03\效果\制作时尚美食类电商Banner.psd。

图3-1

01 按Ctrl+O组合键，打开本书学习资源中的"Ch03\素材\制作时尚美食类电商Banner\02"文件，如图3-2所示。选择椭圆选框工具，在02图像窗口中沿着布丁边缘拖曳鼠标绘制选区，如图3-3所示。

图3-2

图3-3

02 按Ctrl+O组合键，打开本书学习资源中的"Ch03\素材\制作时尚美食类电商Banner\01"文件，如图3-4所示。选择移动工具，将02图像窗口选区中的图像拖曳到01图像窗口中适当的位置，如图3-5所示，在"图层"控制面板中生成新图层，将其命名为"布丁"。

图3-4

图3-5

03 选择磁性套索工具，在02图像窗口中沿着草莓边缘拖曳鼠标绘制选区，如图3-6所示。选择移动工具，将02图像窗口选区中的图像拖曳到01图像窗口中适当的位置，如图3-7所示，在"图层"控制面板中生成新图层，将其命名为"草莓"。

图3-6

图3-7

04 选择多边形套索工具，在02图像窗口中沿着酱边缘单击鼠标绘制选区，如图3-8所示。选择移动工具，将02图像窗口选区中的图像拖曳到01图像窗口中适当的位置，如图3-9所示，在"图层"控制面板中生成新图层，将其命名为"酱"。

图3-8

图3-9

05 按Ctrl+O组合键，打开本书学习资源中的"Ch03\素材\制作时尚美食类电商Banner\03"文件。选择魔棒工具 ，在属性栏中将"容差"选项设为50像素，在图像窗口中的背景区域单击，图像周围生成选区，如图3-10所示。选中属性栏中的"添加到选区"按钮 ，在左上角再次单击生成选区，如图3-11所示。

图3-10　　　　　　　　图3-11

06 按Shift+Ctrl+I组合键，将选区反选，如图3-12所示。选择移动工具 ，将03图像窗口选区中的图像拖曳到01图像窗口中适当的位置，如图3-13所示，在"图层"控制面板中生成新图层，将其命名为"巧克力"。时尚美食类电商Banner制作完成。

图3-12

图3-13

3.1.2　选框工具

矩形选框工具可以在图像或图层中绘制矩形选区。

选择矩形选框工具 ，或反复按Shift+M组合键，其属性栏状态如图3-14所示。

图3-14

新选区 ：去除旧选区，绘制新选区。添加到选区 ：在原有选区的上面增加新的选区。从选区减去 ：在原有选区上减去新选区的部分。与选区交叉 ：选择新旧选区重叠的部分。羽化：用于设定选区边界的羽化程度。消除锯齿：用于清除选区边缘的锯齿。样式：用于选择类型。选择并遮住：用于创建或调整选区。

选择矩形选框工具 ，在图像窗口中适当的位置按住鼠标左键不放，向右下方拖曳鼠标绘制选区；松开鼠标左键，矩形选区绘制完成，如图3-15所示。按住Shift键的同时，在图像窗口中可以绘制出正方形选区，如图3-16所示。

图3-15　　　　　　　　图3-16

在属性栏的"样式"下拉列表中选择"固定比例"，将"宽度"选项设为1，"高度"选项设为3，如图3-17所示。在图像中绘制固定比例的选区，效果如图3-18所示。单击"高度和宽度互换"按钮 ，可以快速地将宽度和高度的数值互相置换，互换后绘制的选区效果如图3-19所示。

图3-17

图3-18　　　　　　　　图3-19

在属性栏的"样式"下拉列表中选择"固定大小"，在"宽度"和"高度"选项中输入数值，如图3-20所示。绘制固定大小的选区，效果如图3-21所示。单击"高度和宽度互换"按钮 ⇄ ，可以快速地将宽度和高度的数值互相置换，互换后绘制的选区效果如图3-22所示。

图3-20

图3-21　　　　　　　　图3-22

因椭圆选框工具的应用方法与矩形选框工具基本相同，这里就不再赘述。

3.1.3 套索工具

套索工具可以在图像或图层中绘制不规则形状的选区，选取不规则形状的图像。

选择套索工具 ♀，或反复按Shift+L组合键，其属性栏状态如图3-23所示。

图3-23

选择套索工具 ♀，在图像中适当的位置按住鼠标左键不放，拖曳鼠标在图像上进行绘制，如图3-24所示，松开鼠标左键，选择的区域自动封闭生成选区，效果如图3-25所示。

图3-24　　　　　　　　图3-25

3.1.4 魔棒工具

魔棒工具可以用来选取图像中的某一点，并将与这一点颜色相同或相近的点自动融入选区。

选择魔棒工具 ⚡，或反复按Shift+W组合键，其属性栏状态如图3-26所示。

图3-26

取样大小：用于设置取样范围的大小。容差：用于控制色彩的范围，数值越大，可容许的颜色范围越大。连续：用于选择单独的色彩范围。对所有图层取样：用于将所有可见图层中颜色容许范围内的色彩加入选区。选择主体：用于从图像中最突出的对象处创建选区。

选择魔棒工具 ⚡，在图像中单击需要选择的颜色区域，即可得到需要的选区，如图3-27所示。将"容差"选项设为100，再次单击需要选择的区域，生成选区，效果如图3-28所示。

图3-27　　　　　　　　图3-28

打开一张图片，如图3-29所示。选择魔棒工具 ⚡，单击属性栏中的 选择主体 按钮，主体周围生成选区，效果如图3-30所示。

图3-29　　　　　　　　图3-30

3.1.5 对象选择工具

对象选择工具用来在选定的区域内查找并自动选择一个对象。选择对象选择工具 ，其属性栏状态如图3-31所示。

图3-31

模式：用于选择"矩形"或"套索"选取模式。减去对象：用于在选定的区域内查找并自动减去对象。

打开一张图片，如图3-32所示。在主体周围绘制选区，如图3-33所示，主体图像周围生成选区，如图3-34所示。

图3-32

图3-33

图3-34

选中属性栏中的"从选区减去"按钮 ，保持"减去对象"复选框的被选取状态，在图像中绘制选区，如图3-35所示，减去的选区如图3-36所示。取消"减去对象"复选框的被选取状态，在图像中绘制选区，减去的选区如图3-37所示。

图3-35 　　　　　　图3-36

图3-37

> **提示**
>
> 对象选择工具 不适合选取那些边界不清或带有毛发的复杂图形。

3.2 选区的操作技巧

在建立选区后，可以对选区进行一系列的操作，如移动选区、调整选区、羽化选区等。

3.2.1 课堂案例——制作沙发详情页主图

【案例学习目标】学习使用选框工具绘制选区，并使用羽化命令制作出详情页主图。

【案例知识要点】使用矩形选框工具、变换选区命令和羽化命令制作沙发投影，使用移动工具添加装饰图片和文字，最终效果如图3-38所示。

【效果所在位置】Ch03\效果\制作沙发详情页主图.psd。

图3-38

01 按Ctrl+O组合键，打开本书学习资源中的"Ch03\素材\制作沙发详情页主图\01、02"文件。选择移动工具 ，将02图片拖曳到01图像窗口中适当的位置，效果如图3-39所示，在"图层"控制面板中生成新图层，将其命名为"沙发"。选择矩形选框工具，在图像窗口中拖曳鼠标绘制矩形选区，如图3-40所示。

图3-39　　　　　　　　图3-40

02 选择"选择 > 变换选区"命令，选区周围出现控制手柄，如图3-41所示，按住Ctrl键的同时，拖曳左上角的控制手柄到适当的位置，使图像变形，效果如图3-42所示。用相同的方法调整其他控制手柄，效果如图3-43所示。

图3-41　　　　　　　　图3-42

图3-43

03 选区变换完成后，按Enter键确认操作，效果如图3-44所示。按Shift+F6组合键，弹出"羽化选区"对话框，选项的设置如图3-45所示，单击"确定"按钮，效果如图3-46所示。

04 按住Ctrl键的同时，在"图层"控制面板中单击"创建新图层"按钮，在"沙发"图层下方新建图层并将其命名为"投影"。将前景色设为黑色。按Alt+Delete组合键，用前景色填充选区。按Ctrl+D组合键，取消选区，效果如图3-47所示。

图3-44　　　　　　　　图3-45

图3-46　　　　　　　　图3-47

05 在"图层"控制面板上方，将"投影"图层的"不透明度"选项设为40%，如图3-48所示，按Enter键确认操作，图像效果如图3-49所示。

图3-48　　　　　　　　图3-49

06 按Ctrl+O组合键，打开本书学习资源中的"Ch03\素材\制作沙发详情页主图\03"文件，选择移动工具，将装饰图片拖曳到图像窗口中适当的位置，效果如图3-50所示，在"图层"控制面板中生成新的图层，将其命名为"装饰"，如图3-51所示。沙发详情页主图制作完成。

图3-50　　　　　　　　图3-51

3.2.2 移动选区

选择选框工具，绘制选区，将鼠标指针放在选区中，鼠标指针变为形状，如图3-52所示。按住鼠标左键并进行拖曳，鼠标指针变为形状，将选区拖曳到其他位置，如图3-53所示。松开鼠标左键，即可完成选区的移动，效果如图3-54所示。

图3-52　　　　　　　　图3-53

图3-54

当使用矩形选框工具和椭圆选框工具绘制选区时，不要松开鼠标左键，按住空格键的同时拖曳鼠标，即可移动选区。绘制出选区后，使用键盘中的方向键可以将选区沿各方向移动1个像素，使用Shift+方向组合键可以将选区沿各方向移动10个像素。

3.2.3 羽化选区

羽化选区可以使图像产生柔和的效果。

在图像中绘制选区，如图3-55所示。选择"选择 > 修改 > 羽化"命令，弹出"羽化选区"对话框，设置羽化半径的数值，如图3-56所示，单击"确定"按钮，选区被羽化。按Shift+Ctrl+I组合键，将选区反选，如图3-57所示。

在选区中填充颜色后，取消选区，效果如图3-58所示。还可以在绘制选区前在所使用工具的属性栏中直接输入羽化的数值，如图3-59所示。此时，绘制的选区自动成为带有羽化边缘的选区。

图3-55　　　　　　　　图3-56

图3-57　　　　　　　　图3-58

图3-59

3.2.4 取消选区

选择"选择 > 取消选择"命令，或按Ctrl+D组合键，可以取消选区。

3.2.5 全选和反选选区

选择"选择 > 全部"命令，或按Ctrl+A组合键，可以选取全部图像像素，效果如图3-60所示。

选择"选择 > 反向"命令，或按Shift+Ctrl+I组合键，可以对当前的选区进行反向选取。原图像和反向选择后的图像效果分别如图3-61和图3-62所示。

图3-60　　　　　　　　图3-61

图3-62

【练习知识要点】使用魔棒工具和移动工具更换背景，使用矩形选框工具、填充命令和图层控制面板制作装饰矩形，使用收缩命令和描边命令制作装饰框，使用移动工具添加文字，最终效果如图3-63所示。

【效果所在位置】Ch03\效果\制作旅游出行公众号首图.psd。

图3-63

课后习题——制作时尚女孩照片模板

【习题知识要点】使用矩形选框工具和清除命令制作图像虚化融合效果，使用矩形选框工具、填充命令、移动工具和创建剪贴蒙版命令制作照片，最终效果如图3-64所示。

【效果所在位置】Ch03\效果\制作时尚女孩照片模板.psd。

图3-64

第 4 章

绘制图像

本章介绍

本章主要介绍Photoshop画笔工具的使用方法以及填充工具的使用技巧。通过对本章的学习，读者可以用画笔工具绘制出丰富多彩的图像效果，用填充工具制作出多样的填充效果。

学习目标

- 掌握绘图工具的使用方法。
- 了解历史记录画笔工具的应用。
- 掌握渐变工具和油漆桶工具的使用方法。
- 熟练掌握填充工具和描边命令的使用方法。

技能目标

- 掌握"珠宝网站详情页主图"的制作方法。
- 掌握"浮雕画"的制作方法。
- 掌握"应用商店类UI图标"的制作方法。
- 掌握"女装活动页H5首页"的制作方法。

学会使用绘图工具是绘画和编辑图像的基础。画笔工具可以绘制出各种绘画效果。铅笔工具可以绘制出各种硬边效果的图像。

4.1.1 课堂案例——制作珠宝网站详情页主图

【案例学习目标】学习使用画笔工具绘制高光和星光。

【案例知识要点】使用画笔工具和画笔设置控制面板绘制高光和星光，使用移动工具添加相关信息，最终效果如图4-1所示。

【效果所在位置】Ch04\效果\制作珠宝网站详情页主图.psd。

图4-1

01 按Ctrl+O组合键，打开本书学习资源中的"Ch04\素材\制作珠宝网站详情页主图\01、02"文件，如图4-2和图4-3所示。选择移动工具 ⊕，将02图像拖曳到01图像窗口中适当的位置，效果如图4-4所示，在"图层"控制面板中生成新图层，将其命名为"钻戒"。

图4-2　　　　图4-3　　　　图4-4

02 新建图层并将其命名为"高光1"。将前景色设为白色。选择画笔工具 ✐，在属性栏中单击"画笔预设"选项，弹出画笔选择面板。

单击面板右上方的 ⚙ 按钮，在弹出的菜单中选择"旧版画笔"选项，弹出提示对话框，单击"确定"按钮。在画笔选择面板中选择"旧版画笔 > 混合画笔 > 交叉排线4"画笔形状，将"大小"选项设为80像素，如图4-5所示。在图像窗口中的钻戒上单击3次鼠标绘制高光图形，效果如图4-6所示。

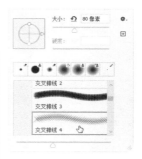 

图4-5　　　　　　　　图4-6

03 新建图层并将其命名为"高光2"。选择画笔工具 ✐，在属性栏中单击"切换画笔设置面板"按钮 ☑，弹出"画笔设置"控制面板。选择"画笔笔尖形状"选项，切换到相应的面板，设置如图4-7所示，在图像窗口中的钻戒上单击3次鼠标绘制高光图形，效果如图4-8所示。

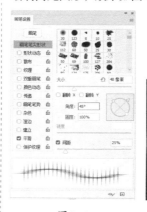 

图4-7　　　　　　　　图4-8

04 新建图层并将其命名为"星光"。选择画笔工具 ，在"画笔设置"控制面板中选择"画笔笔尖形状"选项，切换到相应的面板，设置如图4-9所示；选择"形状动态"选项，切换到相应的面板，设置如图4-10所示；选择"散布"选项，切换到相应的面板，设置如图4-11所示。在图像窗口中拖曳鼠标绘制高光图形，效果如图4-12所示。

图4-13

图4-9　　　　　　图4-10

4.1.2　画笔工具

选择画笔工具 ，或反复按Shift+B组合键，其属性栏状态如图4-14所示。

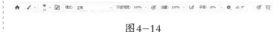

图4-14

：用于选择和设置预设的画笔。模式：用于选择绘画颜色与下面现有像素的混合模式。不透明度：可以设定画笔颜色的不透明度。 ：可以对不透明度使用压力。流量：用于设定喷笔压力，压力越大，喷色越浓。 ：可以启用喷枪模式绘制效果。平滑：设置画笔边缘的平滑度。 ：设置其他平滑度选项。 ：设置画笔的角度。

：使用压感笔压力，可以覆盖属性栏中的"不透明度"和"画笔"面板中的"大小"的设置。

：可以选择和设置绘画的对称选项。

选择画笔工具 ，在属性栏中设置画笔，如图4-15所示，在图像窗口中按住鼠标左键不放，拖曳鼠标可以绘制出如图4-16所示的效果。

图4-11　　　　　　图4-12

图4-15

05 按Ctrl+O组合键，打开本书学习资源中的"Ch04\素材\制作珠宝网站详情页主图\03"文件。选择移动工具 ，将03图像拖曳到新建的图像窗口中适当的位置，如图4-13所示，在"图层"控制面板中生成新图层，将其命名为"信息"。珠宝网站详情页主图制作完成。

图4-16

单击"画笔预设"选项，弹出如图4-17所示的画笔选择面板，可以选择画笔形状。拖曳"大小"选项下方的滑块或直接输入数值，可以设置画笔的大小。如果选择的画笔是基于样本的，将显示"恢复到原始大小"按钮，单击此按钮，可以使画笔的大小恢复到初始的大小。

单击画笔选择面板右上方的按钮，弹出面板菜单，如图4-18所示。

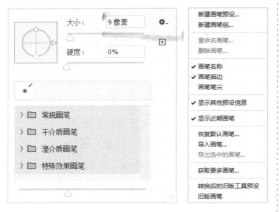

图4-17　　　　　　　图4-18

新建画笔预设：用于建立新画笔。新建画笔组：用于建立新的画笔组。重命名画笔：用于重新命名画笔。删除画笔：用于删除当前选中的画笔。画笔名称：在画笔选择面板中显示画笔名称。画笔描边：在画笔选择面板中显示画笔描边。画笔笔尖：在画笔选择面板中显示画笔笔尖。显示其他预设信息：在画笔选择面板中显示其他预设信息。显示近期画笔：在画笔选择面板中显示近期使用过的画笔。恢复默认画笔：用于恢复默认状态的画笔。导入画笔：用于将存储的画笔载入面板。导出选中的画笔：用于将当前选取的画笔存储并导出。获取更多画笔：用于在官网上获取更多的画笔形状。转换后的旧版工具预设：将转换后的旧版工具预设画笔集恢复为画笔预设列表。旧版画笔：将旧版的画笔集恢复为画笔预设列表。

在画笔选择面板中单击"创建新画笔"按钮，弹出如图4-19所示的"新建画笔"对话框。

单击属性栏中的"切换画笔设置面板"按钮，弹出如图4-20所示的"画笔设置"控制面板。

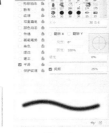

图4-19　　　　　　图4-20

4.1.3 铅笔工具

选择铅笔工具，或反复按Shift+B组合键，其属性栏状态如图4-21所示。

图4-21

自动抹除：用于自动判断绘画时的起始点颜色，如果起始点颜色为背景色，则铅笔工具将以前景色绘制，如果起始点颜色为前景色，铅笔工具则会以背景色绘制。

选择铅笔工具，在属性栏中选择笔触大小，勾选"自动抹除"复选框，如图4-22所示，此时绘制效果与起始点颜色有关，当起始点颜色与前景色相同时，铅笔工具将行使橡皮擦工具的功能，以背景色绘图；如果起始点颜色不是前景色，绘图时仍然会保持以前景色绘制。

图4-22

将前景色和背景色分别设定为黄色和紫色，在图像窗口中按住鼠标左键拖曳光标，画出一个黄色图形，在黄色图形上按住鼠标左键拖曳光标绘制下一个图形，用相同的方法继续绘制，效果如图4-23所示。

图4-23

4.2 ▷ 历史记录画笔工具和历史记录艺术画笔工具

历史记录画笔工具和历史记录艺术画笔工具主要用于将图像恢复到某一历史状态，以形成特殊的图像效果。

4.2.1 课堂案例——制作浮雕画

【案例学习目标】学会应用历史记录艺术画笔工具、调色命令和滤镜命令制作浮雕画。

【案例知识要点】使用新建快照命令、不透明度选项和历史记录艺术画笔工具制作浮雕画，使用色相/饱和度命令和去色命令调整图片的颜色，使用混合模式选项和浮雕效果命令为图片添加浮雕效果，最终效果如图4-24所示。

【效果所在位置】Ch04\效果\制作浮雕画.psd。

图4-24

01 按Ctrl+O组合键，打开本书学习资源中的"Ch04\素材\制作浮雕画\01"文件，如图4-25所示。选择"窗口 > 历史记录"命令，弹出"历史记录"控制面板，单击面板右上方的 ≡ 图标，在弹出的菜单中选择"新建快照"命令，弹出"新建快照"对话框，如图4-26所示，单击"确定"按钮。

图4-25　　　　　　　　　图4-26

02 新建图层并将其命名为"黑色填充"。将前景色设为黑色。按Alt+Delete组合键，用前景色填充图层。在"图层"控制面板上方，将"黑色填充"图层的"不透明度"选项设为80%，如图4-27所示，按Enter键确认操作，图像效果如图4-28所示。

图4-27　　　　　　　　　图4-28

03 新建图层并将其命名为"画笔"。选择历史记录艺术画笔工具 ❞，单击属性栏中的"切换画笔设置面板"按钮 ☑，弹出"画笔设置"控制面板，设置如图4-29所示，在图像窗口中拖曳鼠标绘制图形，效果如图4-30所示。

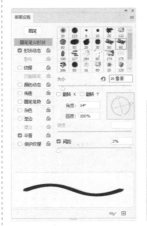

图4-29　　　　　　　　　图4-30

04 单击"黑色填充"和"背景"图层左侧的眼睛图标 ◉，将"黑色填充"和"背景"图层隐藏，观看绘制的情况，如图4-31所示。继续拖曳鼠标涂抹，直到笔刷铺满图像窗口，显示出隐藏的图层，效果如图4-32所示。

图4-31 　　　　　　　图4-32

05 选择"图像 > 调整 > 色相/饱和度"命令，在弹出的对话框中进行设置，如图4-33所示，单击"确定"按钮，效果如图4-34所示。

图4-33

图4-34

06 将"画笔"图层拖曳到控制面板下方的"创建新图层"按钮 □ 上进行复制，生成新的图层"画笔 拷贝"。选择"图像 > 调整 > 去色"命令，去除图像颜色，效果如图4-35所示。在"图层"控制面板上方，将"画笔 拷贝"图层的混合模式选项设为"叠加"，如图4-36所示，图像效果如图4-37所示。

图4-35

图4-36

图4-37

07 选择"滤镜 > 风格化 > 浮雕效果"命令，在弹出的对话框中进行设置，如图4-38所示，单击"确定"按钮，效果如图4-39所示。浮雕画制作完成。

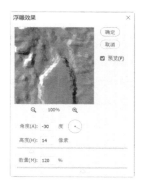

图4-38

图4-39

4.2.2 历史记录画笔工具

历史记录画笔工具是与"历史记录"控制面板结合起来使用的，主要用于将图像的部分区域恢复到某一历史状态，以形成特殊的图像效果。

打开一张图片，如图4-40所示。为图片添加滤镜效果，如图4-41所示。"历史记录"控制面板如图4-42所示。

图4-40   图4-41

图4-42

选择椭圆选框工具 ◯，在属性栏中将"羽化"选项设为50像素，在图像上绘制椭圆选区，如图4-43所示。选择历史记录画笔工具 ✎，在"历史记录"控制面板中单击"打开"步骤左侧的方框，设置历史记录画笔的源，显示出 ✎ 图标，如图4-44所示。

图4-43   图4-44

用历史记录画笔工具 ✎ 在选区中涂抹，如图4-45所示。取消选区后效果如图4-46所示。"历史记录"控制面板如图4-47所示。

图4-45   图4-46

图4-47

4.2.3 历史记录艺术画笔工具

历史记录艺术画笔工具和历史记录画笔工具的用法基本相同。区别在于使用历史记录艺术画笔工具绘图时可以产生艺术效果。

选择历史记录艺术画笔工具 ✎，其属性栏状态如图4-48所示。

图4-48

样式：用于选择一种艺术笔触。区域：用于设置画笔绘制时所覆盖的像素范围。容差：用于设置画笔绘制时的间隔时间。

打开一张图片，如图4-49所示。用颜色填充图像，效果如图4-50所示。"历史记录"控制面板如图4-51所示。

在"历史记录"控制面板中单击"打开"步骤左侧的方框，设置历史记录画笔的源，显示出 ✎ 图标，如图4-52所示。选择历史记录艺术画笔工具 ✎，在属性栏中进行设置，如图4-53所示。

图4-49　　　　图4-50

图4-51　　　　　　图4-52

图4-53

使用历史记录艺术画笔工具 ✎.在图像上涂抹，效果如图4-54所示。"历史记录"控制面板如图4-55所示。

图4-54　　　　　　图4-55

4.3　油漆桶工具、吸管工具和渐变工具

应用油漆桶工具可以改变图像的色彩，吸管工具可以吸取需要的色彩，渐变工具可以创建多种颜色间的渐变效果。

4.3.1　课堂案例——制作应用商店类UI图标

【案例学习目标】学习使用渐变工具和填充命令制作应用商店类UI图标。

【案例知识要点】使用"路径"控制面板、渐变工具和填充命令制作应用商店类UI图标，最终效果如图4-56所示

【效果所在位置】Ch04\效果\制作应用商店类UI图标.psd。

图4-56

01 按Ctrl+O组合键，打开本书学习资源中的"Ch04\素材\制作应用商店类UI图标\01"文件，"路径"控制面板如图4-57所示。选中"路径1"，如图4-58所示，图像效果如图4-59所示。

图4-57　　　图4-58　　　图4-59

02 返回"图层"控制面板中，新建图层并将其命名为"红色渐变"。按Ctrl+Enter组合键，将路径转换为选区，如图4-60所示。选择渐变工具 ■.，单击属性栏中的"点按可编辑渐变"按钮

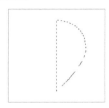，弹出"渐变编辑器"对话框，将渐变颜色设为从橘红色（230、60、0）到浅红色（255、144、102），如图4-61所示，单击"确定"按钮。选中属性栏中的"线性渐变"按钮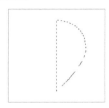，按住Shift键的同时，在选区中由左至右拖曳鼠标填充渐变色。按Ctrl+D组合键，取消选区，效果如图4-62所示。

图4-60

图4-61

图4-62

03 在"路径"控制面板中，选中"路径2"，图像效果如图4-63所示。返回"图层"控制面板中，新建图层并将其命名为"蓝色渐变"。按Ctrl+Enter组合键，将路径转换为选区，如图4-64所示。

图4-63 　　　　　图4-64

04 选择渐变工具，单击属性栏中的"点按可编辑渐变"按钮，弹出"渐变编辑器"对话框，在"位置"选项中分别输入"47""100"，分别设置两个位置点颜色的RGB值为47%（0、108、183）、100%（124、201、255），如图4-65所示，单击"确定"按钮。按住Shift键的同时，在矩形选区中由右至左拖曳鼠标填充渐变色。按Ctrl+D组合键，取消选区，效果如图4-66所示。

图4-65

图4-66

05 用相同的方法分别选中"路径3"和"路径4"，制作"绿色渐变"和"橙色渐变"，效果如图4-67所示。在"路径"控制面板中，选中"路径5"，图像效果如图4-68所示。返回"图层"控制面板中，新建图层并将其命名为"白色"。按Ctrl+Enter组合键，将路径转换为选区，如图4-69所示。

图4-67　　　　图4-68　　　　图4-69

06 选择"编辑 > 填充"命令，弹出"填充"对话框，设置如图4-70所示，单击"确定"按钮，效果如图4-71所示。

图4-70　　　　　　图4-71

07 按Ctrl+D组合键，取消选区。应用商店类UI图标制作完成，效果如图4-72所示。将图标应用在手机中，系统会自动应用圆角遮罩图标，呈现出圆角效果，如图4-73所示。

图4-72　　　　图4-73

4.3.2　油漆桶工具

选择油漆桶工具 ◇. ，或反复按Shift+G组合键，其属性栏状态如图4-74所示。

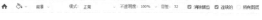

图4-74

前景 ∨：在其下拉列表中选择填充前景色还是图案。 ∕ ．：用于选择定义好的图案。连续的：用于设定填充方式。所有图层：用于选择是否对所有可见图层进行填充。

原图像效果如图4-77所示。选择油漆桶工具 ◇. ，在其属性栏中对"容差"选项进行不同的设定，如图4-75、图4-76所示，用油漆桶工具在图像中填充颜色，效果如图4-78、图4-79所示。

图4-75

图4-76

图4-77　　　　　　　图4-78

图4-79

在属性栏中设置图案，如图4-80所示，用油漆桶工具在图像中填充图案，效果如图4-81所示。

图4-80

图4-81

4.3.3　吸管工具

选择吸管工具 ∕. ，或反复按Shift+I组合键，其属性栏状态如图4-82所示。

图4-82

048

选择吸管工具 ，用鼠标在图像中需要的位置单击，当前的前景色将变为吸管吸取的颜色，"信息"控制面板中将显示吸取的颜色的色彩信息，如图4-83所示。

图4-83

4.3.4　渐变工具

选择渐变工具 ■，或反复按Shift+G组合键，其属性栏状态如图4-84所示。

图4-84

■ ∨：用于选择和编辑渐变的色彩。
■ ■ ■ ■ ■：用于选择渐变类型，包括线性渐变、径向渐变、角度渐变、对称渐变、菱形渐变。反向：用于反向产生色彩渐变的效果。仿色：用于使渐变更平滑。透明区域：用于产生不透明度。

单击"点按可编辑渐变"按钮 ■ ∨，弹出"渐变编辑器"对话框，如图4-85所示，可以使用预设的渐变色，也可以自定义渐变形式和色彩。

图4-85

在"渐变编辑器"对话框中，单击颜色编

辑框下方的适当位置，可以增加色标，如图4-86所示。在下方的"颜色"选项中选择颜色，或双击刚建立的色标，弹出"拾色器"对话框，如图4-87所示，在其中设置颜色，单击"确定"按钮，即可改变色标颜色。在"位置"选项的数值框中输入数值或用鼠标直接拖曳色标，可以调整色标位置。

图4-86

图4-87

任意选择一个色标，如图4-88所示，单击对话框下方的 删除(D) 按钮，或按Delete键，可以将色标删除，如图4-89所示。

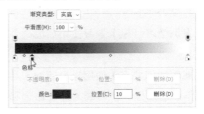

图4-88

图4-89

单击颜色编辑框左上方的黑色色标，如图4-90所示，调整"不透明度"选项的数值，可以使开始的颜色到结束的颜色之间显示为半透明的效果，如图4-91所示。

单击颜色编辑框的上方，出现新的色标，如图4-92所示，调整"不透明度"选项的数值，可以使新色标的颜色到两侧的颜色之间出现过渡式的半透明效果，如图4-93所示。

图4-90

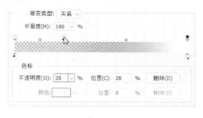

图4-92

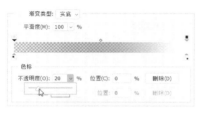

图4-91

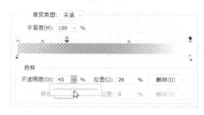

图4-93

4.4 填充命令、定义图案命令与描边命令

应用填充命令和定义图案命令可以为图像添加颜色和定义好的图案效果，应用描边命令可以为图像描边。

4.4.1 课堂案例——制作女装活动页H5首页

【案例学习目标】学习使用描边命令为选区添加描边。

【案例知识要点】使用矩形选框工具和描边命令制作白色边框，使用载入选区命令和描边命令为梨添加描边，使用移动工具复制梨图形并添加文字信息，最终效果如图4-94所示。

【效果所在位置】Ch04\效果\制作女装活动页H5首页.psd。

01 按Ctrl+O组合键，打开本书学习资源中的"Ch04\素材\制作女装活动页H5首页\01、02"文件，选择移动工具 ⊕，将02图片拖曳到01图像窗口中适当的位置，效果如图4-95所示，在

"图层"控制面板中生成新图层，将其命名为"人物"。选择矩形选框工具 □，在图像窗口中拖曳鼠标绘制矩形选区，如图4-96所示。

图4-94

图4-95　　　　　图4-96

曳到图像窗口中适当的位置，效果如图4-101所示，在"图层"控制面板中生成新图层，将其命名为"梨"。

02 新建图层并将其命名为"白色边框"。选择"编辑 > 描边"命令，弹出"描边"对话框，将描边颜色设为白色，其他选项的设置如图4-97所示，单击"确定"按钮，为选区描边。按Ctrl+D组合键，取消选区，效果如图4-98所示。

图4-97

图4-99

图4-100　　　　　图4-101

05 按住Ctrl键的同时，单击"梨"图层的缩览图，图像周围生成选区，如图4-102所示。选择"编辑 > 描边"命令，弹出"描边"对话框，将描边颜色设为白色，其他选项的设置如图4-103所示，单击"确定"按钮，为选区描边。按Ctrl+D组合键，取消选区，效果如图4-104所示。

图4-98

03 在"图层"控制面板中，将"白色边框"图层拖曳到"人物"图层的下方，如图4-99所示，图像效果如图4-100所示。

04 选择"人物"图层。按Ctrl+O组合键，打开本书学习资源中的"Ch04\素材\制作女装活动页H5首页\03"文件，选择移动工具 ⊕ ，将图片拖

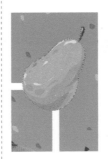 

图4-102　　　　　图4-103

06 按Ctrl+T组合键，图像周围出现变换框，在属性栏中单击"保持长宽比"按钮 ∞ ，其他选项的

设置如图4-105所示，将图像拖曳到适当的位置，按Enter键确认操作，效果如图4-106所示。

图4-104

图4-105

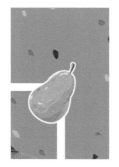

图4-106

07 单击"图层"控制面板下方的"添加图层样式"按钮 fx，在弹出的菜单中选择"投影"命令，在弹出的对话框中进行设置，如图4-107所示，单击"确定"按钮，效果如图4-108所示。

图4-107

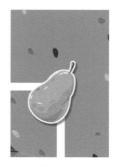

图4-108

08 选择移动工具 ⊕，按住Alt键的同时，分别拖曳梨图片到适当的位置，复制图片并分别调整其大小，效果如图4-109所示。在"图层"控制面板中，将"梨 拷贝 3"图层拖曳到"白色边框"图层的下方，如图4-110所示，图像效果如图4-111所示。

图4-109

图4-110

图4-111

09 选择最上方的图层。按Ctrl+O组合键，打开本书学习资源中的"Ch04\素材\制作女装活动页H5首页\04"文件，选择移动工具 ⊕，将文字图片拖曳到图像窗口中适当的位置，效果如图4-112所示，在"图层"控制面板中生成新图层，将其命名为"文字"。女装活动页H5首页制作完成。

图4-112

4.4.2 填充命令

1. 填充对话框

选择"编辑 > 填充"命令，弹出"填充"对话框，如图4-113所示。

图4-113

内容：用于选择填充方式，包括前景色、背景色、颜色、内容识别、图案、历史记录、黑色、50%灰色、白色。模式：用于设置填充模式。不透明度：用于调整不透明度。保留透明区域：用于设置是否保留透明区域。

2. 填充颜色

打开一幅图像，在图像窗口中绘制出选区，如图4-114所示。选择"编辑 > 填充"命令，弹出"填充"对话框，设置如图4-115所示，单击"确定"按钮，效果如图4-116所示。

图4-114

图4-115

图4-116

> **提示**
>
> 按Alt+Delete组合键，可以用前景色填充选区或图层。按Ctrl+Delete组合键，可以用背景色填充选区或图层。按Delete键，可以删除选区中的图像，露出背景色或下面的图像。

4.4.3 定义图案命令

打开一幅图像，在图像窗口中绘制出选区，如图4-117所示。选择"编辑 > 定义图案"命令，弹出"图案名称"对话框，如图4-118所示，单击"确定"按钮，定义图案。按Ctrl+D组合键，取消选区。

图4-117

图4-118

选择"编辑 > 填充"命令，弹出"填充"对话框，在"自定图案"选项面板中选择新定义的图案，如图4-119所示。单击"确定"按钮，效果如图4-120所示。

图4-119

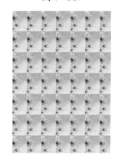

图4-120

在"填充"对话框的"模式"选项中选择不同的填充模式，如图4-121所示，单击"确定"按钮，效果如图4-122所示。

图4-121

图4-122

4.4.4 描边命令

1. 描边对话框

选择"编辑 > 描边"命令，弹出"描边"对话框，如图4-123所示。

图4-123

描边：用于设定描边的宽度和颜色。位置：用于设定描边相对于边缘的位置，包括内部、居中和居外3个选项。混合：用于设置描边的模式和不透明度。

2. 描边

打开一幅图像，在图像窗口中绘制出选区，

如图4-124所示。选择"编辑 > 描边"命令，弹出"描边"对话框，设置如图4-125所示，单击"确定"按钮，为选区描边。取消选区后，效果如图4-126所示。

在"描边"对话框的"模式"选项中选择不同的描边模式，如图4-127所示。单击"确定"按钮，为选区描边。取消选区后，效果如图4-128所示。

图4-124

图4-125

图4-126

图4-127

图4-128

课堂练习——制作卡通插画

【练习知识要点】使用移动工具添加装饰图案，使用图层混合模式改变热气球颜色，最终效果如图4-129所示。

【效果所在位置】Ch04\效果\制作卡通插画.psd。

图4-129

【习题知识要点】使用定义图案命令和填充命令制作背景图案，使用移动工具和描边命令添加文字，最终效果如图4-130所示。

【效果所在位置】Ch04\效果\制作夏季旅行插图.psd。

图4-130

第 5 章

修饰图像

本章介绍

本章主要介绍用Photoshop修饰图像的方法与技巧。通过对本章的学习，读者可以掌握修饰图像的基本方法与操作技巧，应用相关工具快速地仿制图像、去除污点、消除红眼，修复有缺陷的图像。

学习目标

- 熟练掌握修复与修补工具的运用方法。
- 掌握修饰工具的使用技巧。
- 掌握橡皮擦工具的使用技巧。

技能目标

- 掌握"人物照片"的修复方法。
- 掌握"棒球运动宣传图"的制作方法。
- 掌握"摄影课程宣传图"的制作方法。

修复与修补工具用于对图像的细微部分进行修整，是处理图像时不可缺少的工具。

5.1.1 课堂案例——修复人物照片

【案例学习目标】学习使用多种修复与修补工具修复人物照片。

【案例知识要点】使用缩放工具调整图像大小，使用红眼工具去除人物红眼，使用污点修复画笔工具去除雀斑和痘印，使用修补工具去除眼袋皱纹，使用仿制图章工具去除散碎的头发，最终效果如图5-1所示。

【效果所在位置】Ch05\效果\修复人物照片.psd。

图5-1

01 按Ctrl＋O组合键，打开本书学习资源中的"Ch05\素材\修复人物照片\01"文件，如图5-2所示。选择缩放工具 🔍，图像窗口中的鼠标指针变为放大镜形状 🔍，单击将图片放大到适当的大小，如图5-3所示。

图5-2　　　　　　　　图5-3

02 选择红眼工具 ⁺◉，属性栏中的选项设置如图5-4所示。在人物右侧眼睛上单击可去除红眼，效果如图5-5所示。

图5-4　　　　　　　　图5-5

03 选择污点修复画笔工具 ✎，将鼠标指针放在要去除的污点图像上，如图5-6所示。单击去除污点，效果如图5-7所示。用相同的方法继续去除脸部所有的雀斑和痘痘，效果如图5-8所示。

图5-6　　　　　　　　图5-7

图5-8

04 选择修补工具 ⏺，在图像窗口中圈选眼袋部分，如图5-9所示。将选区拖曳到适当的位置，如图5-10所示，释放鼠标左键，去除眼袋。按Ctrl+D组合键，取消选区，效果如图5-11所示。用相同的方法继续去除眼袋，效果如图5-12所示。

05 选择仿制图章工具 ♣，在属性栏中单击"画笔预设"选项，弹出画笔选择面板，选择需要的画笔形状，将"大小"选项设为70像素，如图5-13所示。将鼠标指针放置在肩部需要取样的位置，按住Alt键，鼠标指针变为靶心形状 ⊕，如图5-14所示，单击确定取样点。

图5-9　　　　　　　　图5-10

图5-11　　　　　　　　图5-12

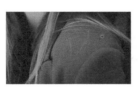

图5-13　　　　　　　　图5-14

06 将鼠标指针放置在需要修复的位置上,如图5-15所示,单击去掉碎发,效果如图5-16所示。用相同的方法继续去除肩部的碎发,效果如图5-17所示。人物照片修复完成。

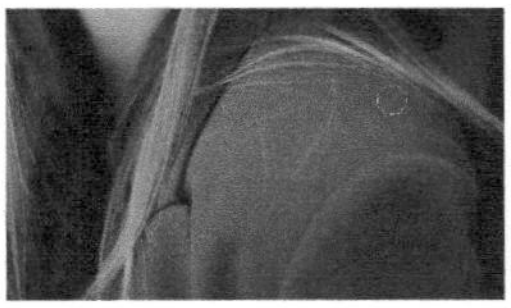

图5-15

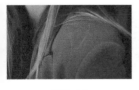

图5-16　　　　　　　　图5-17

5.1.2 修复画笔工具

修复画笔工具可以将取样点的像素信息非常自然地复制到图像的破损位置,并保持图像的亮度、饱和度、纹理等属性,使修复的效果更加自然逼真。

选择修复画笔工具 ✐ ,或反复按Shift+J组合键,其属性栏状态如图5-18所示。

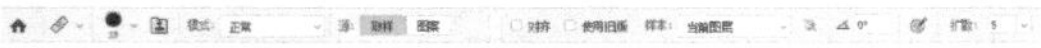

图5-18

● :可以选择和设置修复的画笔。单击此选项,在弹出的面板中设置画笔的大小、硬度、间距、角度、圆度和压力大小,如图5-19所示。

图5-19

模式: 可以选择复制像素或填充图案与底图的混合模式。

源: 可以设置修复区域的源。选择"取样"按钮后,按住Alt键,鼠标指针变为靶心形状,单击确定样本的取样点,释放鼠标左键,在图像中要修复的位置按住鼠标左键不放,拖曳鼠标复制出取样点的图像;选择"图案"按钮后,在右侧的选项中选择图案或自定义图案来填充图像。

对齐: 勾选此复选框,下一次的复制位置会和上次的完全重合,图像不会因为重新复制而出现错位。

样本: 可以选择样本的仿制图层。包括当前图层、当前和下方图层和所有图层。

 ⍉ :可以在修复时忽略调整图层。

扩散: 可以调整扩散的程度。

打开一张图片。选择修复画笔工具 ✐ ,在适当的位置单击确定取样点,如图5-20所示,在要修复的区域单击,修复图像,如图5-21所示。用相同的方法修复其他图像,效果如图5-22所示。

图5-20　　　　　图5-21　　　　　图5-22

单击属性栏中的"切换仿制源面板"按钮 📠，弹出"仿制源"控制面板，如图5-23所示。

图5-23

仿制源： 激活按钮后，按住Alt键的同时，在图像中单击可以设置取样点。单击下一个仿制源按钮，还可以继续取样。

源： 指定x轴和y轴的像素位移，可以在相对于取样点的精确位置进行仿制。

W/H： 可以缩放所仿制的源。

旋转： 在文本框中输入旋转角度，可以旋转仿制的源。

翻转： 单击"水平翻转"按钮 或 "垂直翻转"按钮 ，可以水平或垂直翻转仿制源。

复位变换 ↺： 将W、H、角度值和翻转方向恢复到默认的状态。

帧位移： 可以设置帧位移。

锁定帧： 可以锁定源帧。

显示叠加： 勾选此复选框并设置叠加方式后，在使用修复画笔工具时，可以更好地查看叠加效果及下面的图像。

已剪切： 可以将叠加剪切到画笔大小。

自动隐藏： 可以在应用绘画描边时隐藏叠加。

反相： 可以反相叠加颜色。

5.1.3　污点修复画笔工具

污点修复画笔工具的工作方式与修复画笔工具相似，使用图像中的样本像素进行绘画，并将样本像素的纹理、光照、透明度和阴影与所修复的像素相匹配。区别在于，污点修复画笔工具不需要指定样本点，将自动从所修复区域的周围取样。

选择污点修复画笔工具 ，或反复按Shift+J组合键，其属性栏状态如图5-24所示。

图5-24

选择污点修复画笔工具 ，在属性栏中进行设置，如图5-25所示。打开一张图片，如图5-26所示。在要去除的污点图像上拖曳鼠标，如图5-27所示，释放鼠标左键，污点被去除，效果如图5-28所示。

图5-25

图5-26　　　　　图5-27　　　　　图5-28

5.1.4　修补工具

选择修补工具 ，或反复按Shift+J组合键，其属性栏状态如图5-29所示。

图5-29

打开一张图片。选择修补工具 ，圈选图像中的产品，如图5-30所示。在属性栏中选中"源"按钮，在选区中按住鼠标左键不放，拖曳到需要的位置，如图5-31所示。释放鼠标左键，选区中的图像被新位置的图像所替换，如图5-32所示。按

Ctrl+D组合键，取消选区，效果如图5-33所示。

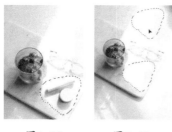

图5-30　　　　图5-31

图5-32　　　　图5-33

选择修补工具 ，圈选图像中的区域，如图5-34所示。在属性栏中选中"目标"按钮，将选区拖曳到要修饰的图像区域，如图5-35所示。圈选的图像替换了新位置的图像，如图5-36所示。按Ctrl+D组合键，取消选区，效果如图5-37所示。

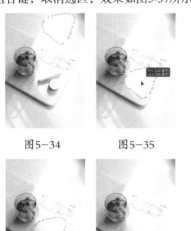

图5-34　　　　图5-35

图5-36　　　　图5-37

选择"窗口>图案"命令，弹出"图案"面板，单击控制面板右上方的 ≡ 图标，在弹出的菜单中选择"旧版图案及其他"命令，面板如图5-38

所示。选择修补工具 ，圈选图像中的区域，如图5-39所示。单击属性栏中的 ■ 选项，弹出图案选择面板，选择"旧版图案及其他>旧版图案>旧版默认图案"中需要的图案，如图5-40所示。单击"使用图案"按钮，在选区中填充所选图案。按Ctrl+D组合键，取消选区，效果如图5-41所示。

图5-38　　　　图5-39

图5-40　　　　图5-41

选择修补工具 ，圈选图像中的区域。选择需要的图案，勾选"透明"复选框，如图5-42所示。单击"使用图案"按钮，在选区中填充透明图案。按Ctrl+D组合键，取消选区，效果如图5-43所示。

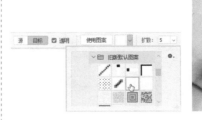

图5-42　　　　图5-43

5.1.5 内容感知移动工具

内容感知移动工具可以将选中的对象移动或扩展到图像的其他区域并进行重组和混合，产生出色的视觉效果。

选择内容感知移动工具 ✕ ，或反复按Shift+J组合键，其属性栏状态如图5-44所示。

图5-44

模式：用于选择重新混合的模式。结构：用于设置区域保留的严格程度。颜色：用于调整可修改的源颜色的程度。投影时变换：勾选此复选框，可以在制作混合时变换图像。

打开一张图片，如图5-45所示。选择内容感知移动工具 ✕ ，在属性栏中将"模式"选项设为"移动"，在图像窗口中按住鼠标左键拖曳鼠标绘制选区，如图5-46所示。将鼠标指针放置在选区中，按住鼠标左键向上方拖曳鼠标，如图5-47所示。松开鼠标左键后，软件自动将选区中的图像移动到新位置，同时出现变换框，如图5-48所示。拖曳鼠标旋转图形，如图5-49所示。按Enter键确定操作，原位置被周围的图像自动修饰，取消选区后，效果如图5-50所示。

图5-45

图5-46

图5-47

图5-48

图5-49

图5-50

打开一张图片，如图5-51所示。选择内容感知移动工具 ✕ ，在属性栏中将"模式"选项设为"扩展"，在图像窗口中按住鼠标左键拖曳鼠标绘制选区，如图5-52所示。将鼠标指针放置在选

区中，按住鼠标左键向上方拖曳鼠标，如图5-53所示。松开鼠标左键后，软件自动将选区中的图像扩展复制并移动到新位置，同时出现变换框，如图5-54所示。拖曳鼠标旋转图形，如图5-55所示，按Enter键确定操作，取消选区后，如图5-56所示。

图5-51

图5-52

图5-53

图5-54

图5-55

图5-56

5.1.6 红眼工具

红眼工具可以去除用闪光灯拍摄的人物照片中的红眼和白色、绿色反光。

选择红眼工具 ⁺⊙ ，或反复按Shift+J组合键，其属性栏状态如图5-57所示。

图5-57

瞳孔大小：用于设置瞳孔的大小。变暗量：用于设置瞳孔的暗度。

打开一张人物照片，如图5-58所示。选择红眼工具 ⁺⊙ ，在属性栏中进行设置，如图5-59所示。在照片中

图5-58

图5-59

瞳孔的位置单击，如图5-60所示，去除照片中的红眼，效果如图5-61所示。

图5-60　　　　　图5-61

5.1.7 仿制图章工具

仿制图章工具可以以指定的像素点为复制基准点，将其周围的图像复制到其他地方。

选择仿制图章工具 ，或反复按Shift+S组合键，其属性栏状态如图5-62所示。

图5-62

流量：用于设定扩散的速度。对齐：用于控制是否在复制时使用对齐功能。

选择仿制图章工具 ，将鼠标指针放置在图像中需要复制的位置，按住Alt键，鼠标指针变为靶心形状 ，如图5-63所示，单击确定取样点。在适当的位置按住鼠标左键不放，拖曳鼠标复制出取样点的图像，效果如图5-64所示。

图5-63　　　　　图5-64

5.1.8 图案图章工具

选择图案图章工具 ，或反复按Shift+S组合键，其属性栏状态如图5-65所示。

图5-65

在要定义为图案的图像上绘制选区，如图5-66所示。选择"编辑 > 定义图案"命令，弹出

"图案名称"对话框，设置如图5-67所示，单击"确定"按钮，定义选区中的图像为图案。

图5-66　　　　　图5-67

选择图案图章工具 ，在属性栏中选择定义好的图案，如图5-68所示。按Ctrl+D组合键，取消选区。在适当的位置按住鼠标左键不放，拖曳鼠标复制出定义好的图案，效果如图5-69所示。

图5-68　　　　　图5-69

5.1.9 颜色替换工具

颜色替换工具能够替换图像中的特定颜色，可以使用校正颜色在目标颜色上绘画。颜色替换工具不适用于"位图""索引"或"多通道"颜色模式的图像。

选择颜色替换工具 ，其属性栏状态如图5-70所示。

图5-70

打开一张图片，如图5-71所示。在"颜色"控制面板中设置前景色，如图5-72所示。在"色板"控制面板中单击"创建前景色的新色板"按钮 ，将设置的前景色存放在控制面板中，如图5-73所示。

图5-71　　　　　图5-72

图5-73

选择颜色替换工具 ✎.，在属性栏中进行设

置，如图5-74所示。在图像上需要上色的区域直接涂抹进行上色，效果如图5-75所示。

图5-74

图5-75

5.2 修饰工具

修饰工具用于对图像进行修饰，使图像产生不同的变化效果。

5.2.1 课堂案例——制作棒球运动宣传图

【案例学习目标】学习使用多种修饰工具制作棒球运动宣传图。

【案例知识要点】使用锐化工具、图层混合模式和减淡工具调整图像，最终效果如图5-76所示。

【效果所在位置】Ch05\效果\制作棒球运动宣传图.psd。

图5-76

01 按Ctrl+N组合键，设置宽度为900像素，高度为383像素，分辨率为72像素/英寸，颜色模式为RGB，背景内容为白色，单击"创建"按钮，新建文档。

02 按Ctrl＋O组合键，打开本书学习资源中的"Ch05\素材\制作棒球运动宣传图\01、02"文件。选择移动工具 ✛.，将01、02图像分别拖

曳到新建的图像窗口中适当的位置，如图5-77所示，在"图层"控制面板中分别生成新的图层，将其命名为"底图"和"文字"，如图5-78所示。

图5-77　　　　图5-78

03 选中"底图"图层。选择锐化工具 △.，在属性栏中单击"画笔预设"选项，弹出画笔选择面板。在面板中选择需要的画笔形状，将"大小"选项设为300像素，如图5-79所示。在图像窗口中适当的位置拖曳鼠标锐化图像，效果如图5-80所示。

04 按Ctrl＋O组合键，打开本书学习资源中的"Ch05\素材\制作棒球运动宣传图\03"文件。选择移动工具 ✛.，将03图像拖曳到新建的图像窗口中适当的位置，效果如图5-81所示，在"图层"控制面板中生成新的图层，将其命名

为"图案"。

图5-79　　　　　图5-80　　　　图5-81

05 在"图层"控制面板上方，将"图案"图层的混合模式选项设为"正片叠底"，"不透明度"选项设为60%，如图5-82所示，按Enter键确认操作，图像效果如图5-83所示。

图5-82　　　　　　图5-83

06 选择减淡工具 ，在属性栏中单击"画笔预设"选项，弹出画笔选择面板。在面板中选择需要的画笔形状，将"大小"选项设为50像素，如图5-84所示。在图像窗口中适当的位置拖曳鼠标，效果如图5-85所示。棒球运动宣传图制作完成。

图5-84　　　　　　图5-85

5.2.2 模糊工具

选择模糊工具 ，其属性栏状态如图5-86所示。

强度：用于设定压力的大小。对所有图层

取样：用于确定模糊工具是否对所有可见图层起作用。

图5-86

选择模糊工具 ，在属性栏中进行设置，如图5-87所示。在图像窗口中按住鼠标左键不放，拖曳鼠标使图像产生模糊效果。原图像和模糊后的图像效果如图5-88、图5-89所示。

图5-87

图5-88　　　　　　图5-89

5.2.3 锐化工具

选择锐化工具 ，其属性栏状态如图5-90所示。

图5-90

选择锐化工具 ，在属性栏中进行设置，如图5-91所示。在图像窗口中按住鼠标左键不放，拖曳鼠标使图像产生锐化效果。原图像和锐化后的图像效果如图5-92、图5-93所示。

图5-91

图5-92　　　　　　图5-93

5.2.4 涂抹工具

选择涂抹工具 ，其属性栏状态如图5-94所示。

图5-94

手指绘画：用于设定是否按前景色进行涂抹。

选择涂抹工具 ✋，在属性栏中进行设置，如图5-95所示。在图像窗口中按住鼠标左键不放，拖曳鼠标使图像产生涂抹效果。原图像和涂抹后的图像效果如图5-96和图5-97所示。

图5-95

图5-96　　　　　　　　图5-97

5.2.5 减淡工具

选择减淡工具 ✏，或反复按Shift+O组合键，其属性栏状态如图5-98所示。

图5-98

范围：用于设定图像中要提高亮度的区域。曝光度：用于设定曝光的强度。

选择减淡工具 ✏，在属性栏中进行设置，如图5-99所示。在图像窗口中按住鼠标左键不放，拖曳鼠标使图像产生减淡效果。原图像和减淡后的图像效果如图5-100和图5-101所示。

图5-99

图5-100　　　　　　　　图5-101

5.2.6 加深工具

选择加深工具 🔍，或反复按Shift+O组合键，其属性栏状态如图5-102所示。

图5-102

选择加深工具 🔍，在属性栏中进行设置，如图5-103所示。在图像窗口中按住鼠标左键不放，拖曳鼠标使图像产生加深效果。原图像和加深后的图像效果如图5-104和图5-105所示。

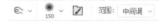

图5-103

图5-104　　　　　　　　图5-105

5.2.7 海绵工具

选择海绵工具 🧽，或反复按Shift+O组合键，其属性栏状态如图5-106所示。

图5-106

选择海绵工具 🧽，在属性栏中进行设置，如图5-107所示。在图像窗口中按住鼠标左键不放，拖曳鼠标使图像色彩饱和度增加。原图像和调整后的图像效果如图5-108、图5-109所示。

图5-107

图5-108　　　　　　　　图5-109

5.3 擦除工具

擦除工具可以擦除指定图像的颜色，还可以擦除颜色相近区域中的图像。

5.3.1 课堂案例——制作摄影课程宣传图

【案例学习目标】学习使用渐变工具制作摄影课程宣传图。

【案例知识要点】使用渐变工具制作彩虹，使用橡皮擦工具和不透明度制作渐隐效果，使用混合模式改变彩虹的颜色，最终效果如图5-110所示。

【效果所在位置】Ch05\效果\制作摄影课程宣传图.psd。

图5-110

01 按Ctrl+O组合键，打开本书学习资源中的"Ch05\素材\制作摄影课程宣传图\01"文件，如图5-111所示。新建图层并将其命名为"彩虹"。选择渐变工具 ，在属性栏中单击"渐变"图标右侧的▼按钮，在弹出的面板中选中"圆形彩虹"渐变，如图5-112所示。

图5-111

图5-112

02 在图像窗口中由中心向下拖曳出渐变色，效果如图5-113所示。按Ctrl+T组合键，图形周围出现变换框，适当调整控制手柄使图形变形，将鼠标指针置于控制手柄外侧，按住鼠标左键拖曳鼠标旋转图形，按Enter键确认操作，效果如图5-114所示。

图5-113

图5-114

03 选择橡皮擦工具 ，在属性栏中单击"画笔预设"选项，弹出画笔选择面板，选择需要的画笔形状，设置如图5-115所示。在图像窗口中拖曳鼠标擦除不需要的图像，效果如图5-116所示。

图5-115

图5-116

04 在"图层"控制面板上方，将"彩虹"图层的混合模式选项设为"滤色"，"不透明度"选项设为60%，如图5-117所示，按Enter键确认操作，效果如图5-118所示。

图5-117

图5-118

05 新建图层并将其命名为"画笔"。将前景色设为白色。按Alt+Delete组合键，用前景色填充图层。在"图层"控制面板上方，将"画笔"图层的混合模式选项设为"溶解"，"不透明度"选项设为30%，如图5-119所示，按Enter键确认操作，效果如图5-120所示。

图5-119

图5-120

06 选择橡皮擦工具 ⚫ ，在属性栏中单击"画笔预设"选项，弹出画笔选择面板，选择需要的画笔形状，设置如图5-121所示。在图像窗口中拖曳鼠标擦除不需要的图像，效果如图5-122所示。

图5-121

图5-122

07 按Ctrl+O组合键，打开本书学习资源中的"Ch05\素材\制作摄影课程宣传图\02"文件。选择移动工具 ⊕ ，将02图像窗口中选区中的图像拖曳到01图像窗口中适当的位置，如图5-123所示，在"图层"控制面板中生成新图层，将其命名为"文字"。摄影课程宣传图制作完成。

图5-123

5.3.2　橡皮擦工具

选择橡皮擦工具 ，或反复按Shift+E组合键，其属性栏状态如图5-124所示。

图5-124

抹到历史记录：用于确定以"历史记录"控制面板中确定的图像状态来擦除图像。

选择橡皮擦工具，在图像窗口中按住鼠标左键拖曳，可以擦除图像。当图层为"背景"图层或锁定了透明区域的图层时，擦除的图像显示为背景色，效果如图5-125所示。当图层为普通图层时，擦除的图像显示为透明的，效果如图5-126所示。

图5-125

图5-126

5.3.3　背景橡皮擦工具

选择背景橡皮擦工具，或反复按Shift+E组合键，其属性栏状态如图5-127所示。

图5-127

限制：用于选择擦除界限。容差：用于设定容差值。保护前景色：用于保护前景色不被擦除。

选择背景色橡皮擦工具，在属性栏中进行设置，如图5-128所示。在图像窗口中擦除图像，擦除前后的效果对比如图5-129、图5-130所示。

图5-128

图5-129

图5-130

5.3.4　魔术橡皮擦工具

选择魔术橡皮擦工具，或反复按Shift+E组合键，其属性栏状态如图5-131所示。

连续：作用于当前图层。对所有图层取样：作用于所有图层。

选择魔术橡皮擦工具，保持属性栏中的选项为默认值，在图像窗口中擦除图像，效果如图5-132所示。

图5-131

图5-132

【练习知识要点】使用缩放工具调整图像比例大小，使用模糊工具、锐化工具、涂抹工具、减淡工具、加深工具和海绵工具修饰图像，最终效果如图5-133所示。

【效果所在位置】Ch05\效果\制作美妆比赛宣传单.psd。

图5-133

【习题知识要点】使用仿制图章工具清除照片中多余的碎发，最终效果如图5-134所示。

【效果所在位置】Ch05\效果\制作美妆运营海报.psd。

图5-134

第 6 章

编辑图像

本章介绍

本章主要介绍用Photoshop编辑图像的基本方法，包括应用图像编辑工具，移动、复制和删除图像，裁切图像，变换图像等。通过对本章的学习，读者可以掌握图像的编辑方法和技巧，快速地应用相关命令对图像进行适当的编辑与调整。

学习目标

- 熟练掌握图像编辑工具的使用方法。
- 掌握图像的移动、复制和删除的技巧。
- 掌握图像裁切和图像变换的技巧。

技能目标

- 掌握"展示油画"的制作方法。
- 掌握"汉堡新品宣传单"的制作方法。
- 掌握"产品手提袋"的制作方法。

6.1 图像编辑工具

使用图像编辑工具对图像进行编辑和整理，可以提高用户编辑和处理图像的效率。

6.1.1 课堂案例——制作展示油画

【案例学习目标】学习使用图像编辑工具对图像进行裁剪和注释。

【案例知识要点】使用标尺工具和裁剪工具制作照片，使用注释工具为图像添加注释，最终效果如图6-1所示。

【效果所在位置】Ch06\效果\制作展示油画.psd。

图6-1

01 按Ctrl+O组合键，打开本书学习资源中的"Ch06\素材\制作展示油画\01"文件，如图6-2所示。选择标尺工具 ▭，在图像窗口的左下方按住鼠标左键向右下方拖曳鼠标，出现测量的线段，松开鼠标左键，确定测量的终点，如图6-3所示。

图6-2   图6-3

02 单击属性栏中的 拉直图层 按钮，拉直图像，效果如图6-4所示。选择裁剪工具 ⛏，在图像窗口中按住鼠标左键拖曳鼠标，绘制矩形裁剪框，按Enter键确认操作，效果如图6-5所示。

图6-4   图6-5

03 按Ctrl+O组合键，打开本书学习资源中的"Ch06\素材\制作展示油画\02"文件，如图6-6所示。选择魔棒工具 ✶，在图像窗口中的白色矩形区域单击鼠标左键，图像周围生成选区，如图6-7所示。

 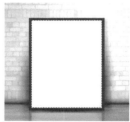

图6-6   图6-7

04 选择"选择 > 修改 > 扩展"命令，在弹出的对话框中进行设置，如图6-8所示，单击"确定"按钮，扩大选区。按Ctrl+J组合键，将选区中的图像拷贝到新图层中，在"图层"控制面板中生成新的图层，将其命名为"白色矩形"，如图6-9所示。

图6-8   图6-9

05 单击"图层"控制面板下方的"添加图层样式"按钮 ƒx，在弹出的菜单中选择"内阴影"

命令，在弹出的对话框中进行设置，如图6-10所示，单击"确定"按钮，效果如图6-11所示。

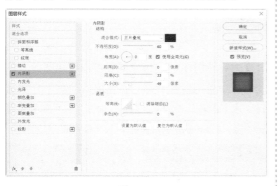

图6-10

图6-11

06 选择移动工具 ，将01图像拖曳到02图像窗口中，并调整其大小和位置，效果如图6-12所示，在"图层"控制面板中生成新的图层，将其命名为"画"。按Alt+Ctrl+G组合键，创建剪贴蒙版，效果如图6-13所示。

图6-12　　　　　图6-13

07 选择注释工具 ，在图像窗口中单击鼠标，弹出"注释"控制面板，在面板中输入文字，如图6-14所示。展示油画制作完成，效果如图6-15所示。

图6-14

图6-15

6.1.2 注释工具

注释工具可以为图像增加文字注释。

选择注释工具 ，或反复按Shift+I组合键，其属性栏状态如图6-16所示。

图6-16

作者：用于输入作者姓名。颜色：用于设置注释窗口的颜色。清除全部：用于清除所有注释。 ：用于打开注释面板，编辑注释文字。

6.1.3 标尺工具

选择标尺工具 ，或反复按Shift+I组合键，其属性栏状态如图6-17所示。

图6-17

X/Y：起始位置坐标。W/H：在x和y轴上移动的水平和竖直距离。A：相对于坐标轴偏离的角度。L1：两点间的距离。L2：测量角度时另一条测量线的长度。使用测量比例：使用测量比例计算标尺工具数据。拉直图层：拉直图层使标尺水平。清除：用于清除测量线。

6.2 图像的移动、复制和删除

在Photoshop中，可以非常便捷地移动、复制和删除图像。

6.2.1 课堂案例——制作汉堡新品宣传单

【**案例学习目标**】学习使用移动工具移动、复制图像。

【**案例知识要点**】使用移动工具制作装饰图形，使用自由变换命令变换图形，使用画笔工具绘制阴影，使用椭圆工具绘制装饰图形，使用直排文字工具添加文字，最终效果如图6-18所示。

【**效果所在位置**】Ch06\效果\制作汉堡新品宣传单.psd。

图6-18

01 按Ctrl＋O组合键，打开本书学习资源中的"Ch06 \素材\制作汉堡新品宣传单\01、02"文件。选择移动工具 ⊕，将02图像拖曳到01图像窗口中适当的位置，效果如图6-19所示，在"图层"控制面板中生成新的图层，将其命名为"蔬菜"。

图6-19

02 选择移动工具 ⊕，按住Alt键的同时，将蔬菜图像拖曳到适当的位置，复制图像，效果如图6-20所示。按Ctrl+T组合键，图像周围出现变换框，将鼠标指针放在变换框的控制手柄外侧，指针变为旋转图标 ↱，拖曳鼠标可以旋转图像。在变换框中单击鼠标右键，在弹出的菜单中分别选择"水平翻转"和"垂直翻转"命令，水平和竖直翻转图像，按Enter键确认操作，效果如图6-21所示。

图6-20 　　　　　　　　图6-21

03 新建图层并将其命名为"投影1"。将前景色设为黑色。选择画笔工具 ✐，在属性栏中单击"画笔预设"选项，弹出画笔选择面板，在面板中选择需要的画笔形状，设置如图6-22所示，在图像窗口中绘制投影，效果如图6-23所示。

图6-22 　　　　　　　　图6-23

04 在"图层"控制面板中，将"投影1"图层拖曳到"蔬菜"图层的下方，如图6-24所示，图像效果如图6-25所示。

图6-24 　　　　　　　　图6-25

05 选择"蔬菜 拷贝"图层。按Ctrl＋O组合键，打开本书学习资源中的"Ch06\素材\制作汉堡新品宣传单\03"文件。选择移动工具 ⊕ ，将03图像拖曳到01图像窗口中适当的位置，效果如图6-26所示，在"图层"控制面板中生成新的图层，将其命名为"红椒"。按住Alt键的同时，将红椒图像拖曳到适当的位置，复制图像，效果如图6-27所示。

图6－26　　　　　图6－27

06 按Ctrl+T组合键，图像周围出现变换框，在变换框中单击鼠标右键，在弹出的菜单中选择"水平翻转"命令，水平翻转图像，按Enter键确认操作，效果如图6-28所示。在"图层"控制面板中，将"红椒 拷贝"图层拖曳到"红椒"图层的下方，如图6-29所示。

图6－28　　　　　图6－29

07 选择"红椒"图层。按Ctrl＋O组合键，打开本书学习资源中的"Ch06\素材\制作汉堡新品宣传单\04"文件。选择移动工具 ⊕ ，将04图像拖曳到01图像窗口中适当的位置，效果如图6-30所示，在"图层"控制面板中生成新的图层，将其命名为"汉堡"。

图6－30

08 新建图层并将其命名为"投影2"。选择画笔

工具 ✐ ，在属性栏中将"不透明度"选项设为50%，在图像窗口中绘制投影，效果如图6-31所示。在"图层"控制面板中，将"投影2"图层拖曳到"汉堡"图层的下方，如图6-32所示，图像效果如图6-33所示。

图6－31

图6－32　　　　　图6－33

09 选择"汉堡"图层。单击"图层"控制面板下方的"创建新的填充或调整图层"按钮 ◒ ，在弹出的菜单中选择"色相/饱和度"命令，在"图层"控制面板中生成"色相/饱和度 1"图层，同时弹出"色相/饱和度"面板，设置如图6-34所示，按Enter键确认操作，图像效果如图6-35所示。

图6－34　　　　　图6－35

10 按Ctrl＋O组合键，打开本书学习资源中的"Ch06\素材\制作汉堡新品宣传单\05"文件。选择移动工具 ⊕ ，将05图像拖曳到01图像窗口中适

当的位置，效果如图6-36所示，在"图层"控制面板中生成新的图层，将其命名为"文字"。

11 选择椭圆工具 ◯ ，在属性栏的"选择工具模式"选项中选择"形状"，将"填充"选项设为红色（241、1、0），"描边"颜色设为无。按住Shift键的同时，在图像窗口中拖曳鼠标绘制圆形，效果如图6-37所示。

图6-36　　　　　　图6-37

12 按Alt+Ctrl+T组合键，圆形周围出现变换框，将其拖曳到适当的位置，复制圆形，按Enter键确认操作，效果如图6-38所示。连续按两次Alt+Shift+Ctrl+T组合键，再复制两个圆形，效果如图6-39所示。

图6-38　　　　　　图6-39

13 选择直排文字工具 ⅠT ，在图像窗口中输入需要的文字并选取文字，在属性栏中选择合适的字体并设置文字大小，将文字填充为浅黄色（255、248、218），如图6-40所示，在"图层"控制面板中生成新的文字图层。

14 单击属性栏中的"切换字符和段落面板"按钮 ▤ ，弹出"字符"控制面板，设置如图6-41所示，按Enter键确认操作，效果如图6-42所示。汉堡新品宣传单制作完成，效果如图6-43所示。

图6-40　　　　　　图6-41

图6-42　　　　　　图6-43

6.2.2　图像的移动

打开一张图片。选择椭圆选框工具 ◯ ，在要移动的区域绘制选区，如图6-44所示。选择移动工具 ⊕ ，将鼠标指针放在选区中，指针变为 ▶ 形状，如图6-45所示。按住鼠标左键，拖曳到适当的位置，移动选区内的图像，原来的选区位置被背景色填充，效果如图6-46所示。按Ctrl+D组合键，取消选区。

图6-44　　　　图6-45　　　　图6-46

打开一张图片。将选区中的蛋糕图片拖曳到打开的图像中，鼠标指针变为 ▶ 形状，如图6-47所示，释放鼠标左键，选区中的蛋糕图片被移动到打开的图像窗口中，效果如图6-48所示。

图6-47　　　　　　图6-48

6.2.3　图像的复制

要在操作过程中随时按需要复制图像，就必须掌握复制图像的方法。

打开一张图片。选择椭圆选框工具 ◯ ，绘制出要复制的图像区域，如图6-49所示。选择移动工具 ⊕ ，将鼠标指针放在选区中，鼠标指针变为 ▶ 形状，如图6-50所示。按住Alt键，鼠标指针变为形状，如图6-51所示。拖曳选区中的图像到适当的位置，释放鼠标左键和Alt键，图像复制完成，效果如图6-52所示。

图6-49　　　　　　　　图6-50

图6-51　　　　　　　　图6-52

在要复制的图像上绘制选区，如图6-53所示。选择"编辑 > 拷贝"命令或按Ctrl+C组合键，将选区中的图像复制。这时屏幕上的图像并没有变化，但系统已将图像复制到剪贴板中。

图6-53

选择"编辑 > 粘贴"命令或按Ctrl+V组合键，将剪贴板中的图像粘贴在新图层中，复制的图像在原图像的上方，如图6-54所示。选择移动工具 ，可以移动复制出的图像，效果如图

6-55所示。

图6-54　　　　　　　　图6-55

在要复制的图像上绘制选区，如图6-56所示。按住Alt+Ctrl组合键，鼠标指针变为 形状，如图6-57所示。拖曳选区中的图像到适当的位置，释放鼠标左键，图像复制完成，效果如图6-58所示。

图6-56　　　　　　　　图6-57

图6-58

> **提示**
>
> 在复制图像前，要选择要复制的图像区域；如果不选择图像区域，将不能复制图像。

6.2.4 图像的删除

在删除图像前，需要选择要删除的图像区域。如果不选择图像区域，将不能删除图像。

在要删除的图像上绘制选区，如图6-59所示。选择"编辑 > 清除"命令，将选区中的图像删除。按Ctrl+D组合键,取消选区,效果如图6-60所示。

图6-59 　　　　　　 图6-60

在要删除的图像上绘制选区,按Delete键或Backspace键,可以将选区中的图像删除。按Alt+Delete组合键或Alt+Backspace组合键,也可以将选区中的图像删除,删除后的图像区域由前景色填充。

提示

删除后的图像区域由背景色填充。如果在某一图层中,删除后的图像区域将显示下面一层的图像。

6.3 图像的裁切和变换

通过图像的裁切和图像的变换,可以设计制作出丰富多变的图像效果。

6.3.1 课堂案例——制作产品手提袋

【案例学习目标】学习使用图像的自由变换命令和渐变工具制作包装立体图。

【案例知识要点】使用自由变换命令制作图片变形效果,使用图层蒙版和渐变工具制作图片倒影,使用钢笔工具和高斯模糊命令绘制桌面阴影,最终效果如图6-61所示。

【效果所在位置】Ch06\效果\制作产品手提袋.psd。

图6-61

01 按Ctrl+N组合键,设置宽度为27.7厘米,高度为24.8厘米,分辨率为300像素/英寸,颜色模式为RGB,背景内容为白色,单击"创建"按钮,完成文档的创建。

02 选择渐变工具 ■,单击属性栏中的"点按可

编辑渐变"按钮 ▬▬▬ ∨,弹出"渐变编辑器"对话框,将渐变色设为从灰色(174、175、177)到浅灰色(212、216、217),如图6-62所示,单击"确定"按钮。在图像窗口中由上向下拖曳出渐变色,效果如图6-63所示。

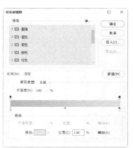 

图6-62 　　　　　　 图6-63

03 按Ctrl+O组合键,打开本书学习资源中的"Ch06\素材\制作产品手提袋\01"文件。选择移动工具 ⊕,将图片拖曳到图像窗口中适当的位置,效果如图6-64所示,在"图层"控制面板中生成新的图层,将其命名为"正面"。

04 按Ctrl+T组合键,图像周围出现变换框,拖曳控制手柄等比例放大图像,按住Ctrl键的同时,向外拖曳变换框右侧的两个控制手柄到适当的位

置，按Enter键确认操作，效果如图6-65所示。

图6-64　　　　　　　图6-65

05 新建图层并将其命名为"侧面"。将前景色设为玫红色（211、76、106）。选择矩形选框工具 ▢，在图像窗口中适当的位置绘制一个矩形选区。按Alt+Delete组合键，用前景色填充选区。按Ctrl+D组合键，取消选区，效果如图6-66所示。

06 按Ctrl+T组合键，图像周围出现变换框，在变换框中单击鼠标右键，在弹出的菜单中选择"扭曲"命令，分别拖曳控制手柄到适当的位置，按Enter键确认操作，效果如图6-67所示。

07 新建图层并将其命名为"暗部"。将前景色设为黑色。选择钢笔工具 ✐，将属性栏中的"选择工具模式"选项设为"路径"，在图像窗口中绘制一条路径，如图6-68所示。按Ctrl+Enter组合键，将路径转换为选区。按Alt+Delete组合键，用前景色填充选区。取消选区后，效果如图6-69所示。

图6-66　　　　　　　图6-67

图6-68　　　　　　　图6-69

08 在"图层"控制面板上方，将"暗部"图层的"不透明度"选项设为10%，如图6-70所示，按Enter键确认操作，图像效果如图6-71所示。将"正"

面"图层拖曳到控制面板下方的"创建新图层"按钮 ▣ 上进行复制，生成新的图层，将其拖曳到"正面"图层的下方并命名为"正面 倒影"。

图6-70　　　　　　　图6-71

09 按Ctrl+T组合键，图形周围出现变换框，在变换框中单击鼠标右键，在弹出的菜单中选择"垂直翻转"命令，翻转复制的图像，并将其拖曳到适当的位置。按住Ctrl键的同时，调整左上角的控制手柄到适当的位置，按Enter键确认操作，效果如图6-72所示。单击"图层"控制面板下方的"添加图层蒙版"按钮 ▢，为"正面 倒影"图层添加蒙版，如图6-73所示。

图6-72　　　　　　　图6-73

10 选择渐变工具 ▦，单击属性栏中的"点按可编辑渐变"按钮 ▬▬▬ ，将渐变色设为从白色到黑色，单击"确定"按钮。在复制的图像上由上至下拖曳出渐变色，效果如图6-74所示。在"图层"控制面板上方，将该图层的"不透明度"选项设为80%，按Enter键确认操作，效果如图6-75所示。用相同的方法复制"侧面"图形，调整其形状和位置，并为其添加蒙版，制作投影效果，如图6-76所示。

图6-74   图6-75

图6-76

11 新建图层并将其命名为"桌面阴影左"。选择钢笔工具 ✐，在图像窗口中适当的位置绘制一条路径，如图6-77所示。按Ctrl+Enter组合键，将路径转换为选区。按Alt+Delete组合键，用前景色填充选区。取消选区后，效果如图6-78所示。

图6-77   图6-78

12 选择"滤镜 > 模糊 > 高斯模糊"，在弹出的对话框中进行设置，如图6-79所示，单击"确定"按钮，效果如图6-80所示。

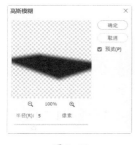

图6-79   图6-80

13 单击"图层"控制面板下方的"添加图层蒙版"按钮 ◻，为图层添加蒙版。选择渐变工具 ▦，在复制的图像上由上至下拖曳出渐变色，效

果如图6-81所示。在"图层"控制面板上方，将该图层的"不透明度"选项设为20%，按Enter键确认操作，图像效果如图6-82所示。

图6-81   图6-82

14 用相同的方法制作"桌面阴影右"图形，效果如图6-83所示。按Ctrl+O组合键，打开本书学习资源中的"Ch06\素材\制作产品手提袋\02"文件，选择移动工具 ✛，将图片拖曳到图像窗口中适当的位置，效果如图6-84所示，在"图层"控制面板中生成新图层，将其命名为"带子"。产品手提袋制作完成。

图6-83   图6-84

6.3.2 图像的裁切

若图像中含有大面积的纯色区域或透明区域，可以应用裁切命令进行操作。

打开一幅图像，如图6-85所示。选择"图像 > 裁切"命令，弹出"裁切"对话框，设置如图6-86所示，单击"确定"按钮，效果如图6-87所示。

图6-85   图6-86

图6-87

透明像素：若当前图像的多余区域是透明的，则选择此选项。左上角像素颜色：根据图像左上角的像素颜色来确定裁切的颜色范围。右下角像素颜色：根据图像右下角的像素颜色来确定裁切的颜色范围。裁切：用于设置裁切的区域范围。

6.3.3 图像的变换

选择"图像 > 图像旋转"命令，其子菜单如图6-88所示，应用不同的变换命令后，图像的变换效果如图6-89所示。

| 180 度(1) |
| 顺时针 90 度(9) |
| 逆时针 90 度(0) |
| 任意角度(A)... |
| 水平翻转画布(H) |
| 垂直翻转画布(V) |

图6-88

原图像

180度

顺时针90度

逆时针90度

水平翻转画布

垂直翻转画布

图6-89

选择"任意角度"命令，弹出"旋转画布"对话框，设置如图6-90所示，单击"确定"按钮，图像的旋转效果如图6-91所示。

图6-90   图6-91

6.3.4 图像选区的变换

在操作过程中可以根据设计和制作的需要变换已经绘制好的选区。

打开一张图片。选择椭圆选框工具 ，在要变换的图像上绘制选区。选择"编辑 > 变换"命令，其子菜单如图6-92所示，应用不同的变换命令后，图像的变换效果如图6-93所示。

图6-92

原图像

缩放

旋转

斜切

扭曲

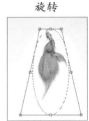
透视

变形

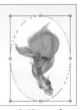
旋转180度

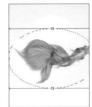
顺时针旋转90度

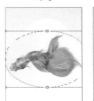
逆时针旋转90度

水平翻转

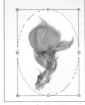
垂直翻转

图6-93

课堂练习——制作房屋地产类公众号信息图

【练习知识要点】使用裁剪工具裁剪图像,使用移动工具移动图像,最终效果如图6-94所示。

【效果所在位置】Ch06\效果\制作房屋地产类公众号信息图.psd。

图6-94

课后习题——制作书籍广告

【习题知识要点】使用扭曲命令制作书籍立体效果,使用渐变工具和不透明度制作光影,使用横排文字工具和图层样式制作宣传文字,最终效果如图6-95所示。

【效果所在位置】Ch06\效果\制作书籍广告.psd。

图6-95

第 7 章

绘制图形和路径

本章介绍

本章主要介绍路径的绘制、编辑方法以及图形的绘制与应用技巧。通过对本章的学习，读者可以学会绘制所需路径并对路径进行修改和编辑，还可应用绘图工具绘制出系统自带的图形，提高图像制作的效率。

学习目标

- 熟练掌握绘制图形的技巧。
- 熟练掌握绘制和选取路径的方法。
- 了解3D图形的创建和3D工具的使用技巧。

技能目标

- 掌握"箱包促销Banner"的制作方法。
- 掌握"箱包App主页Banner"的制作方法。
- 掌握"环保宣传画"的制作方法。

绘图工具不仅可以绘制出标准的几何图形，也可以绘制出自定义的图形。

7.1.1 课堂案例——制作箱包促销Banner

【**案例学习目标**】学习使用不同的绘图工具绘制各种图形，并使用直接选择工具调整图形。

【**案例知识要点**】使用圆角矩形工具绘制箱体，使用直接选择工具调整锚点，使用矩形工具和椭圆工具绘制拉杆和脚轮，使用多边形工具和自定形状工具绘制装饰图形，使用路径选择工具选取和复制图形，最终效果如图7-1所示。

【**效果所在位置**】Ch07\效果\制作箱包促销Banner.psd。

图7-1

01 按Ctrl+N组合键，设置宽度为900像素，高度为383像素，分辨率为72像素/英寸，颜色模式为RGB，背景内容为白色，单击"创建"按钮，新建文档。

02 按Ctrl+O组合键，打开本书学习资源中的"Ch07\素材\制作箱包促销Banner\01、02"文件。选择移动工具 ✛ ，将01和02图像分别拖曳到新建的图像窗口中适当的位置，效果如图7-2所示，在"图层"控制面板中分别生成新的图层，将其命名为"底图"和"文字"。

03 选择圆角矩形工具 ▢ ，将属性栏中的"选择工具模式"选项设为"形状"，"填充"颜色设为橙黄色（246、212、53），"半径"选项设为20像素，在图像窗口中拖曳鼠标绘制圆角矩形，效果如图7-3所示，在"图层"控制面板中生成新

的形状图层"圆角矩形 1"。

图7-2

图7-3

04 选择圆角矩形工具 ▢ ，在属性栏中将"半径"选项设为6像素，在图像窗口中拖曳鼠标绘制圆角矩形。在属性栏中将"填充"颜色设为灰色（122、120、133），效果如图7-4所示，在"图层"控制面板中生成新的形状图层"圆角矩形 2"。

05 选择路径选择工具 ▶ ，选取新绘制的圆角矩形。按住Alt+Shift组合键的同时，水平向右拖曳圆角矩形到适当的位置，复制圆角矩形，效果如图7-5所示。按Alt+Ctrl+G组合键，创建剪贴蒙版，效果如图7-6所示。

图7-4   图7-5   图7-6

06 选择圆角矩形工具 ▢ ，在属性栏中将"半径"选项设置为10像素，在图像窗口中拖曳鼠标

绘制圆角矩形。在属性栏中将"填充"颜色设为暗黄色（229、191、44），效果如图7-7所示，在"图层"控制面板中生成新的形状图层"圆角矩形3"。

07 选择路径选择工具 ▶，选取新绘制的圆角矩形。按住Alt+Shift组合键的同时，水平向右拖曳圆角矩形到适当的位置，复制圆角矩形，效果如图7-8所示。用相同的方法再复制2个圆角矩形，效果如图7-9所示。

图7-7　　　　　图7-8　　　　　图7-9

08 选择矩形工具 □，在图像窗口中拖曳鼠标绘制矩形。在属性栏中将"填充"颜色设为灰色（122、120、133），效果如图7-10所示，在"图层"控制面板中生成新的形状图层"矩形1"。

图7-10

09 选择直接选择工具 ▷，选取左上角的锚点，如图7-11所示，按住Shift键的同时，水平向右拖曳到适当的位置，效果如图7-12所示。用相同的方法调整右上角的锚点，效果如图7-13所示。

图7-11　　　　　图7-12　　　　　图7-13

10 选择矩形工具 □，在图像窗口中拖曳鼠标绘

制矩形。在属性栏中将"填充"颜色设为浅灰色（217、218、222），效果如图7-14所示，在"图层"控制面板中生成新的形状图层"矩形2"。

11 选择路径选择工具 ▶，选取新绘制的矩形。按住Alt+Shift组合键的同时，水平向右拖曳矩形到适当的位置，复制矩形，效果如图7-15所示。

图7-14　　　　　图7-15

12 选择矩形工具 □，在图像窗口中拖曳鼠标绘制矩形。在属性栏中将"填充"颜色设为暗灰色（85、84、88），效果如图7-16所示，在"图层"控制面板中生成新的形状图层"矩形3"。

13 在图像窗口中再次绘制矩形，效果如图7-17所示，在"图层"控制面板中生成新的形状图层"矩形4"。选择路径选择工具 ▶，选取新绘制的矩形。按住Alt+Shift组合键的同时，水平向右拖曳矩形到适当的位置，复制矩形，效果如图7-18所示。

图7-16　　　　图7-17　　　　图7-18

14 选择矩形工具 □，在图像窗口中再次拖曳鼠标绘制矩形，效果如图7-19所示，在"图层"控制面板中生成新的形状图层"矩形5"。选择路径选择工具 ▶，选取新绘制的矩形。按住Alt+Shift组合键的同时，水平向右拖曳矩形到适当的位置，复制矩形，效果如图7-20所示。

图7-19　　　　　　　图7-20

15 选择椭圆工具 ○，按住Shift键的同时，在图像窗口中拖曳鼠标绘制圆形。在属性栏中将"填充"颜色设为深灰色（61、63、70），如图7-21

所示，在"图层"控制面板中生成新的形状图层"椭圆 1"。选择路径选择工具 ▶，选取新绘制的圆形。按住Alt+Shift组合键的同时，水平向右拖曳圆形，复制圆形，效果如图7-22所示。

图7-21　　　　　　　图7-22

16 选择多边形工具 ◯，在属性栏中将"边"选项设为6，按住Shift键的同时，在图像窗口中拖曳鼠标绘制多边形。在属性栏中将"填充"颜色设为红色（227、93、62），如图7-23所示，在"图层"控制面板中生成新的形状图层"多边形 1"。

17 选择路径选择工具 ▶，选取新绘制的多边形。按住Alt+Shift组合键的同时，水平向左拖曳多边形，复制多边形，效果如图7-24所示。

图7-23　　　　　　　图7-24

18 选择"窗口 > 形状"命令，弹出"形状"控制面板，如图7-25所示。单击"形状"控制面板右上方的 ≡ 图标，在弹出的菜单中选择"旧版形状及其他"选项，面板如图7-26所示。

图7-25　　　　　　　图7-26

19 选择自定形状工具 ⬧，将属性栏中的"选择工具模式"选项设为"形状"，单击"形状"选项右侧的∨按钮，弹出形状面板。选择"旧版形状及其他 > 所有旧版默认形状 > 形状"中需要的形状，如图7-27所示，在图像窗口中拖曳鼠标

绘制形状。在属性栏中将"填充"颜色设为红色（227、93、62），效果如图7-28所示。

图7-27　　　　　　　图7-28

20 选择椭圆工具 ◯，按住Shift键的同时，在图像窗口中拖曳鼠标绘制圆形。在属性栏中将"填充"颜色设为橙黄色（246、212、53），填充圆形，如图7-29所示，在"图层"控制面板中生成新的形状图层"椭圆 2"。

21 选择直线工具 ╱，在属性栏中将"粗细"选项设为4像素，按住Shift键的同时，在图像窗口中拖曳鼠标绘制直线。在属性栏中将"填充"颜色设为咖啡色（182、167、145），效果如图7-30所示，在"图层"控制面板中生成新的形状图层"形状 2"。

图7-29　　　　　　　图7-30

22 用相同的方法再次绘制直线，效果如图7-31所示，在"图层"控制面板中生成新的形状图层"形状3"。箱包促销Banner制作完成，效果如图7-32所示。

图7-31

图7-32

7.1.2 矩形工具

选择矩形工具 □ ，或反复按Shift+U组合键，其属性栏状态如图7-33所示。

图7-33

形状 ：用于选择工具的模式，包括形状、路径和像素。填充 描边 1像素 ：用于设置矩形的填充色、描边色、描边宽度和描边类型。 W: 160像 GO H: 31像素 ：用于设置矩形的宽度和高度。 □ ：用于设置路径的组合方式、对齐方式和排列方式。 ：用于设定所绘制矩形的形状。对齐边缘：用于设定边缘是否对齐。

打开一张图片，如图7-34所示。在图像窗口中绘制矩形，效果如图7-35所示，"图层"控制面板如图7-36所示。

图7-34

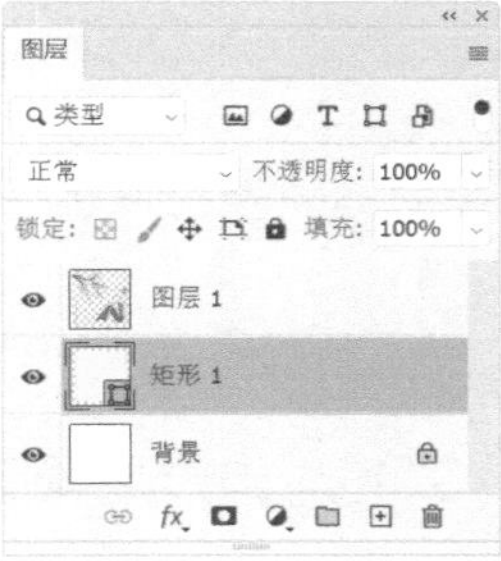

图7-35　　　　图7-36

7.1.3 圆角矩形工具

选择圆角矩形工具 □ ，或反复按Shift+U组合键，其属性栏状态如图7-37所示。其属性栏中的内容与"矩形"工具属性栏的内容类似，只增

加了"半径"选项，用于设定圆角矩形的圆角半径，数值越大圆角半径越大。

图7-37

打开一张图片。将"半径"选项设为40像素，在图像窗口中绘制圆角矩形，效果如图7-38所示，"图层"控制面板如图7-39所示。

图7-38　　　　图7-39

7.1.4 椭圆工具

选择椭圆工具 ○ ，或反复按Shift+U组合键，其属性栏状态如图7-40所示。

图7-40

打开一张图片。在图像窗口中绘制椭圆形，效果如图7-41所示，"图层"控制面板如图7-42所示。

图7-41　　　　图7-42

7.1.5 多边形工具

选择多边形工具 ○ ，或反复按Shift+U组合键，其属性栏状态如图7-43所示。其属性栏中的内容与矩形工具属性栏的内容类似，只增加了

"边"选项，用于设定多边形的边数。

图7-43

　　打开一张图片。单击属性栏中的 ✿ 按钮，在弹出的面板中进行设置，如图7-44所示。在图像窗口中绘制星形，效果如图7-45所示，"图层"控制面板如图7-46所示。

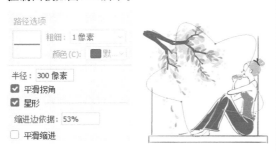

图7-44　　　　　　　图7-45

图7-46

7.1.6 直线工具

　　选择直线工具 ✑，或反复按Shift+U组合键，其属性栏状态如图7-47所示。其属性栏中的内容与矩形工具属性栏的内容类似，只增加了"粗细"选项，用于设定直线的宽度。

图7-47

　　单击属性栏中的 ✿ 按钮，弹出"箭头"面板，如图7-48所示。

　　起点：用于选择位于线段始端的箭头。终点：用于选择位于线段末端的箭头。宽度：用于设定箭头宽度和线段宽度的比值。长度：用于设定箭头长度和线段宽度的比值。凹度：用于设定

箭头凹凸的形状。

　　打开一张图片，如图7-49所示。在图像窗口中绘制不同效果的直线，如图7-50所示，"图层"控制面板如图7-51所示。

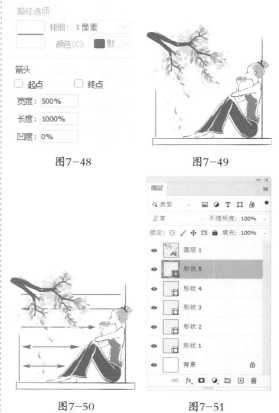

图7-48　　　　　　　图7-49

图7-50　　　　　　　图7-51

提示

按住Shift键的同时，可以绘制水平或垂直的直线。

7.1.7 自定形状工具

　　选择自定形状工具 ✿，或反复按Shift+U组合键，其属性栏状态如图7-52所示。其属性栏中的内容与矩形工具属性栏的内容类似，只增加了"形状"选项，用于选择所需的形状。

图7-52

单击"形状"选项，弹出如图7-53所示的形状面板，面板中存储了可供选择的各种不规则形状。

图7-53

选择"窗口 > 形状"命令，弹出"形状"控制面板，如图7-54所示。单击"形状"控制面板右上方的 ≡ 图标，弹出其面板菜单，如图7-55所示。单击"旧版形状及其他"即可添加旧版形状，如图7-56所示。

图7-54

图7-55

图7-56

打开一张图片，如图7-57所示。在图像窗口中绘制形状图形，效果如图7-58所示，"图层"

控制面板如图7-59所示。

图7-57

图7-58

图7-59

选择钢笔工具 ，在图像窗口中绘制并填充路径，如图7-60所示。选择"编辑 > 定义自定形状"命令，弹出"形状名称"对话框，在"名称"选项的文本框中输入自定形状的名称，如图7-61所示，单击"确定"按钮。"形状"选项的面板中会显示刚才定义的形状，如图7-62所示。

图7-60

图7-61

图7-62

7.2 绘制和选取路径

路径对于Photoshop高手来说是一个非常得力的助手。使用路径可以进行复杂图像的选取，也可以存储选取的区域以备再次使用，还可以绘制线条平滑的优美图形。

7.2.1 课堂案例——制作箱包App主页Banner

【**案例学习目标**】学习使用不同的绘制工具绘制并调整路径。

【**案例知识要点**】使用钢笔工具、添加锚点工具绘制路径，使用建立选区命令进行转换，使用移动工具添加包包和文字，使用椭圆选框工具和填充命令制作投影，最终效果如图7-63所示。

【**效果所在位置**】Ch07\效果\制作箱包App主页Banner.psd。

图7-63

01 按Ctrl＋O组合键，打开本书学习资源中的"Ch07\素材\制作箱包App主页Banner\01"文件，如图7-64所示。选择钢笔工具 ⬦，在属性栏的"选择工具模式"选项中选择"路径"，在图像窗口中沿着实物轮廓绘制路径，如图7-65所示。

图7-64　　　　　　图7-65

02 按住Ctrl键，钢笔工具 ⬦ 转换为直接选择工具 ▹，如图7-66所示。拖曳路径中的锚点来改变路径的弧度，如图7-67所示。

图7-66　　　　　　图7-67

03 将鼠标指针移动到路径上，钢笔工具 ⬦ 转换为添加锚点工具 ⬦，如图7-68所示，在路径上单击鼠标添加锚点，如图7-69所示。按住Ctrl键，钢笔工具 ⬦ 转换为直接选择工具 ▹，拖曳路径中的锚点来改变路径的弧度，如图7-70所示。

图7-68　　　　图7-69　　　　图7-70

04 用相同的方法调整路径，效果如图7-71所示。单击属性栏中的"路径操作"按钮 ▢，在弹出的面板中选择"排除重叠形状"，在适当的位置再次绘制多条路径，如图7-72所示。按Ctrl+Enter组合键，将路径转换为选区，如图7-73所示。

图7-71　　　　图7-72　　　　图7-73

05 按Ctrl+N组合键，设置宽度为750像素，高度为200像素，分辨率为72像素/英寸，颜色模式为RGB，背景内容为浅蓝色（232、239、248），单击"创建"按钮，新建文档。

06 选择移动工具 ✛，将选区中的图像拖曳到新建的图像窗口中，如图7-74所示，在"图层"控制面板中生成新的图层，将其命名为“包包”。按Ctrl+T组合键，图像周围出现变换框，按住鼠标左键拖曳鼠标调整图像的大小和位置，按Enter键确认操作，效果如图7-75所示。

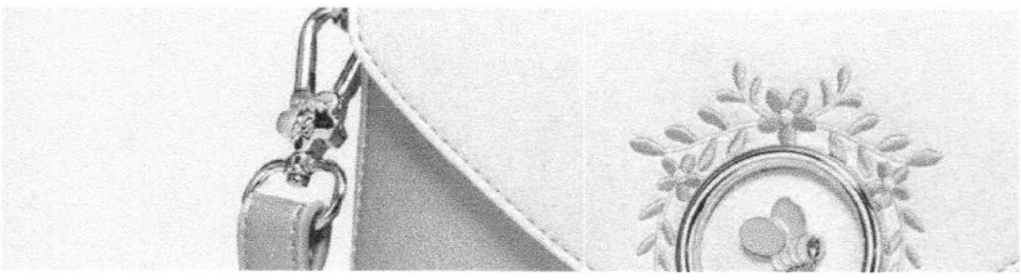

图7-74

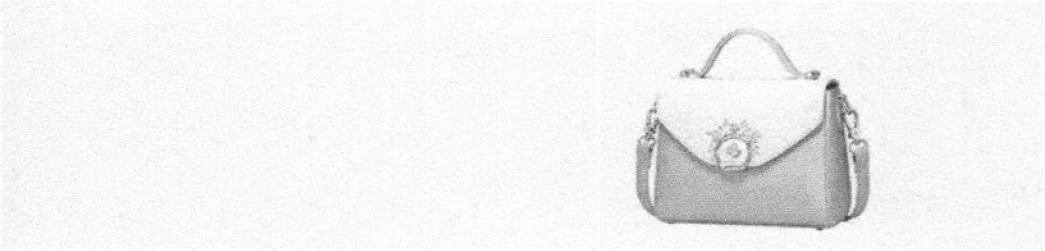

图7-75

07 新建图层并将其命名为“投影”。选择椭圆选框工具，在属性栏中将“羽化”选项设为5像素，在图像窗口中拖曳鼠标绘制椭圆选区。按Alt+Delete组合键，用前景色填充选区。按Ctrl+D组合键，取消选区，效果如图7-76所示。在“图层”控制面板中，将“投影”图层拖曳到“包包”图层的下方，效果如图7-77所示。

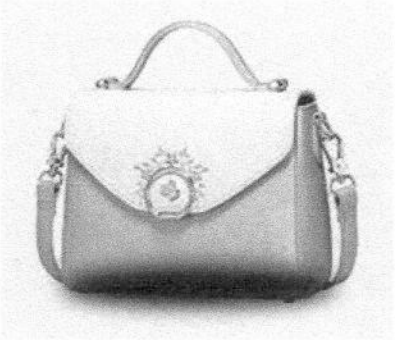

图7-76

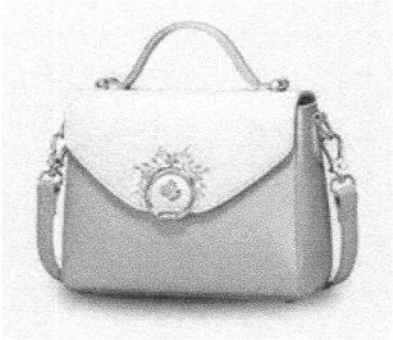

图7-77

08 选择“包包”图层。按Ctrl+O组合键，打开本书学习资源中的“Ch07\素材\制作箱包App主页Banner\02”文件。选择移动工具，将02图像窗口中选区中的图像拖曳到01图像窗口中适当的位置，如图7-78所示，在“图层”控制面板中生成新图层，将其命名为“文字”。箱包App主页Banner制作完成。

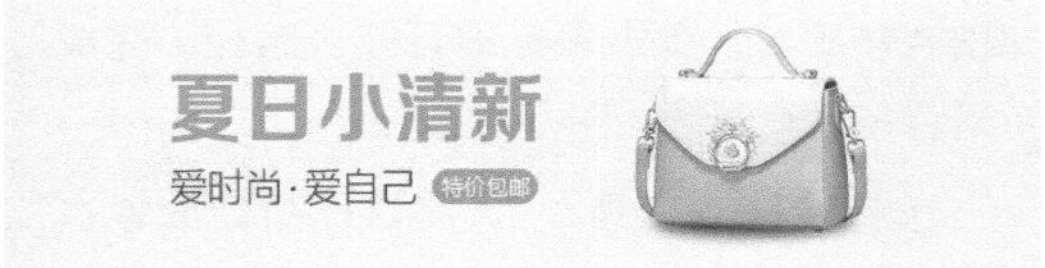

图7-78

7.2.2 钢笔工具

选择钢笔工具，或反复按Shift+P组合键，其属性栏状态如图7-79所示。

按住Shift键创建锚点时，系统将强制以45°或45° 的整数倍的角度绘制路径。按住Alt键，当鼠标指针移到锚点上时，暂时将钢笔工具转换为转换点工具。按住Ctrl键，暂时将钢笔工具转换成直接选择工具。

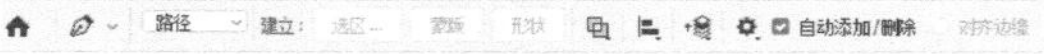

图7-79

绘制直线：新建一个文件，选择钢笔工具，在属性栏的“选择工具模式”选项中选择“路径”选项，钢笔工具绘制的将是路径。如果选择“形状”选项，将绘制出形状图形。勾选“自动添加/删除”复选框，可以在选取的路径上自动添加和删除锚点。

在图像中任意位置单击鼠标，创建一个锚点，将鼠标指针移动到其他位置再次单击，创建第二个锚点，两个锚点之间自动以直线进行连接，如图7-80所示。再将鼠标指针移动到其他位置单击，创建第三个锚点，系统将在第二个和第三个锚点之间生成一条新的直线路径，如图7-81所示。

将鼠标指针移至第二个锚点上，暂时转换成删除锚点工具，如图7-82所示；在锚点上单击，即可将第二个锚点删除，如图7-83所示。

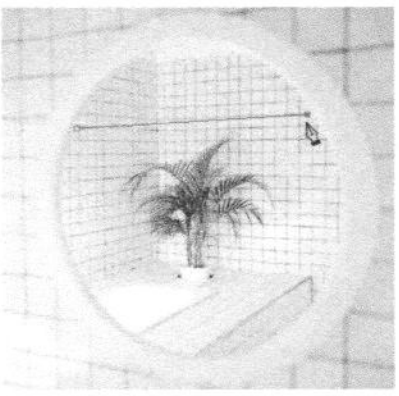

图7-80

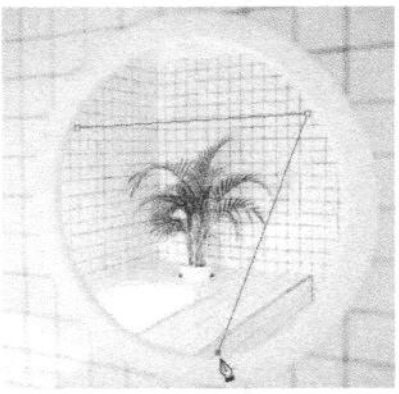

图7-81

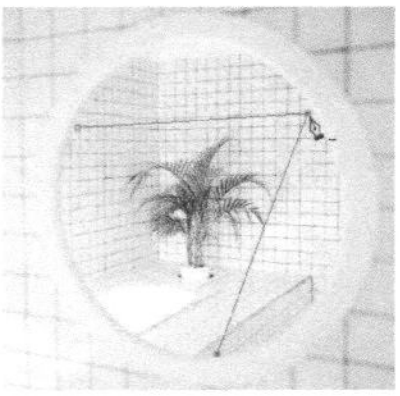

图7-82

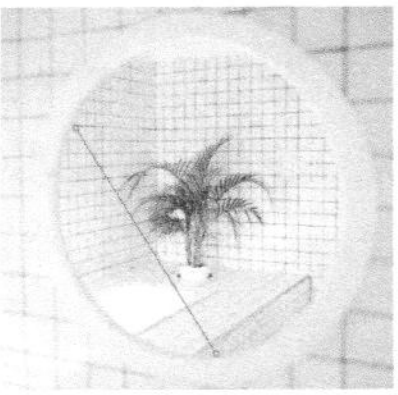

图7-83

绘制曲线：选择钢笔工具 ✐，单击建立新的锚点并按住鼠标左键不放，拖曳鼠标，建立曲线段和曲线锚点，如图7-84所示。释放鼠标左键，按住Alt键的同时，单击刚建立的曲线锚点，如图7-85所示；将其转换为直线锚点，在其他位置再次单击建立下一个新的锚点，在曲线段后绘制出直线，如图7-86所示。

图7-84　　　　　图7-85　　　　　图7-86

7.2.3 自由钢笔工具

选择自由钢笔工具 ✐，其属性栏状态如图7-87所示。

图7-87

在图形上按住鼠标左键确定最初的锚点，沿图像小心地拖曳鼠标并单击，确定其他的锚点，如图7-88所示。如果在选择中存在误差，只需要使用其他的路径工具对路径进行修改和调整，就可以补救，如图7-89所示。

 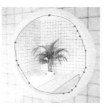

图7-88　　　　　　　　图7-89

7.2.4 添加锚点工具

选择钢笔工具 ✐，将鼠标指针移动到建立的路径上，若此处没有锚点，则钢笔工具 ✐转换成添加锚点工具 ✐，如图7-90所示；在路径上单击可以添加一个锚点，效果如图7-91所示。

选择钢笔工具 ✐，将鼠标指针移动到建立的路径上，若此处没有锚点，则钢笔工具 ✐转换成添加锚点工具 ✐，如图7-92所示；按住鼠标不放，向上拖曳鼠标，建立曲线段和曲线锚点，效果如图7-93所示。

 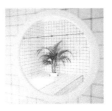

图7-90　　　　　　　　图7-91

 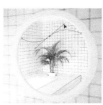

图7-92　　　　　　　　图7-93

7.2.5 删除锚点工具

选择钢笔工具 ✐，将鼠标指针移动到路径的锚点上，则钢笔工具 ✐转换成删除锚点工具 ✐，如图7-94所示；单击锚点将其删除，效果如图7-95所示。

图7-94　　　　　　　　图7-95

选择钢笔工具 ✐，将鼠标指针移动到曲线路径的锚点上，单击锚点也可以将其删除。

7.2.6 转换点工具

选择钢笔工具 ✐，在图像窗口中绘制三角形路径，当要闭合路径时鼠标指针变为 ✐形状，如图7-96所示，单击鼠标即可闭合路径，完成三角形路径的绘制，如图7-97所示。

选择转换点工具 ▷，将鼠标指针放置在三角形左上角的锚点上，如图7-98所示；将其向右上方拖曳形成曲线锚点，如图7-99所示。用相同的方法，将三角形的其他锚点转换为曲线锚点，绘制完成后，路径的效果如图7-100所示。

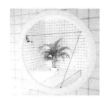

图7-96　　　　图7-97

图7-98　　　图7-99　　　图7-100

7.2.7 选区和路径的转换

1. 将选区转换为路径

在图像上绘制选区，如图7-101所示。单击"路径"控制面板右上方的≡图标，在弹出的菜单中选择"建立工作路径"命令，弹出"建立工作路径"对话框，"容差"选项用于设置转换时的误差允许范围，数值越小越精确，路径上的关键点也越多。如果要编辑生成的路径，在此处设定的数值最好为2像素，如图7-102所示，单击"确定"按钮，将选区转换为路径，效果如图7-103所示。

图7-101　　　　　　图7-102

图7-103

单击"路径"控制面板下方的"从选区生成工作路径"按钮◇，也可将选区转换为路径。

2. 将路径转换为选区

在图像中创建路径，如图7-104所示。单击"路径"控制面板右上方的≡图标，在弹出的菜单中选择"建立选区"命令，弹出"建立选区"对话框，如图7-105所示。设置完成后，单击"确定"按钮，将路径转换为选区，效果如图7-106所示。

图7-104　　　　　　图7-105

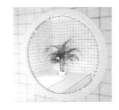

图7-106

单击"路径"控制面板下方的"将路径作为选区载入"按钮○，也可将路径转换为选区。

7.2.8 课堂案例——制作环保宣传画

【案例学习目标】学习使用钢笔工具和描边路径命令制作环保宣传画。

【案例知识要点】使用钢笔工具绘制路径，使用描边路径命令为路径描边，使用内发光和外发光的图层样式制作发光效果，最终效果如图7-107所示。

【效果所在位置】Ch07\效果\制作环保宣传画.psd。

图7-107

01 按Ctrl+O组合键，打开本书学习资源中的"Ch07\素材\制作环保宣传画\01"文件，如图7-108所示。

图7-108

02 新建图层并将其命名为"描边"。选择钢笔工具 ✎，在属性栏的"选择工具模式"选项中选择"路径"，在图像窗口中绘制一条路径，如图7-109所示。将前景色设为白色。选择画笔工具 ✎，在属性栏中单击"画笔预设"选项右侧的 ✔按钮，弹出画笔选择面板，选择需要的画笔形状并设置其大小，如图7-110所示。

图7-109　　　　　　图7-110

03 选择路径选择工具 ▶，选取路径。单击鼠标右键，在弹出的菜单中选择"描边路径"命令，弹出"描边路径"对话框，选项的设置如图7-111所示，单击"确定"按钮。按Enter键隐藏路径，效果如图7-112所示。

图7-111　　　　　　图7-112

04 单击"图层"控制面板下方的"添加图层样式"按钮 fx，在弹出的菜单中选择"内发光"命令，弹出对话框，将发光颜色设为草绿色（185、253、135），其他选项的设置如图7-113所示，单击"确定"按钮，效果如图7-114所示。

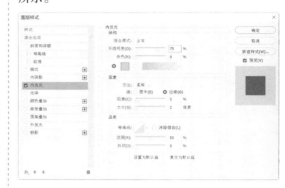

图7-113

图7-114

05 单击"图层"控制面板下方的"添加图层样式"按钮 fx，在弹出的菜单中选择"外发光"命令，弹出对话框，将发光颜色设为苹果绿（151、251、70），其他选项的设置如图7-115所示，单击"确定"按钮，效果如图7-116所示。

图7-115

图7-116

06 将"描边"图层拖曳到"图层"控制面板下方的"创建新图层"按钮 □ 上进行复制，生成新的副本图层"描边 拷贝"。将"内发光"图层样式拖曳到"图层"控制面板下方的"删除图层"按钮 🗑 上，将其删除，效果如图7-117所示。

图7-117

07 在"图层"控制面板上方，将"描边 拷贝"图层的"不透明度"选项设为49%，如图7-118所示，按Enter键确认操作，效果如图7-119所示。

图7-118   图7-119

08 新建图层并将其命名为"描边2"。选择钢笔工具 ⬯.，在图像窗口中绘制一条路径，如图7-120所示。

09 将前景色设为白色。选择路径选择工具 ▶.，选取路径，单击鼠标右键，在弹出的菜单中选择"描边路径"命令，弹出"描边路径"对话框，

选项的设置如图7-121所示，单击"确定"按钮。按Enter键隐藏路径，效果如图7-122所示。

图7-120   图7-121

图7-122

10 单击"图层"控制面板下方的"添加图层样式"按钮 fx.，在弹出的菜单中选择"外发光"命令，弹出对话框，将发光颜色设为青绿色（141、253、50），其他选项的设置如图7-123所示，单击"确定"按钮，效果如图7-124所示。环保宣传画制作完成。

图7-123

图7-124

7.2.9 路径控制面板

绘制一条路径。选择"窗口 > 路径"命令，

弹出"路径"控制面板，如图7-125所示。单击"路径"控制面板右上方的 ≡ 图标，弹出其面板菜单，如图7-126所示。"路径"控制面板的底部有7个按钮，如图7-127所示。

图7-125　　　图7-126　　　图7-127

用前景色填充路径 ●：单击此按钮，将对当前选中的路径进行填充，填充的对象包括当前路径的所有子路径以及不连续的路径线段。如果选定了路径中的一部分，"路径"控制面板的面板菜单中的"填充路径"命令变为"填充子路径"命令。如果被填充的路径为开放路径，Photoshop将自动把路径的两个端点以直线段连接然后进行填充。如果只有一条开放的路径，则不能进行填充。按住Alt键的同时，单击此按钮，将弹出"填充路径"对话框。

用画笔描边路径 ○：单击此按钮，系统将使用当前的颜色和当前在"描边路径"对话框中设定的工具对路径进行描边。按住Alt键的同时，单击此按钮，将弹出"描边路径"对话框。

将路径作为选区载入 ⦂：单击此按钮，将把当前路径所圈选的范围转换为选择区域。按住Alt键的同时，单击此按钮，将弹出"建立选区"对话框。

从选区生成工作路径 ◇：单击此按钮，将把当前的选择区域转换成路径。按住Alt键的同时，单击此按钮，将弹出"建立工作路径"对话框。

添加蒙版 ▣：用于为当前图层添加蒙版。

创建新路径 ⊡：用于创建一个新的路径。单击此按钮，可以创建一个新的路径。按住Alt键的同时，单击此按钮，将弹出"新建路径"对话框。

删除当前路径 🗑：用于删除当前路径。可以直接拖曳"路径"控制面板中的一个路径到此按钮上，将整个路径全部删除。

7.2.10 新建路径

单击"路径"控制面板右上方的 ≡ 图标，弹出其面板菜单，选择"新建路径"命令，弹出"新建路径"对话框，如图7-128所示。

图7-128

名称：用于设定新路径的名称。

单击"路径"控制面板下方的"创建新路径"按钮 ⊡ ，也可以创建一个新路径。按住Alt键的同时，单击"创建新路径"按钮 ⊡ ，将弹出"新建路径"对话框，设置完成后，单击"确定"按钮也可以创建路径。

7.2.11 复制、删除、重命名路径

1. 复制路径

单击"路径"控制面板右上方的 ≡ 图标，弹出其面板菜单，选择"复制路径"命令，弹出"复制路径"对话框，如图7-129所示，在"名称"选项中设置复制出的路径的名称，单击"确定"按钮，"路径"控制面板如图7-130所示。

图7-129　　　　　　图7-130

将要复制的路径拖曳到"路径"控制面板下方的"创建新路径"按钮 ⊡ 上，即可将所选的路径复制，得到一个新路径。

2. 删除路径

单击"路径"控制面板右上方的 ≡ 图标，弹

出其面板菜单，选择"删除路径"命令，即可将路径删除。也可以选择需要删除的路径，单击控制面板下方的"删除当前路径"按钮 🗑，将选择的路径删除。

3. 重命名路径

双击"路径"控制面板中的路径名，出现重命名路径文本框，如图7-131所示，更改名称后按Enter键确认即可，如图7-132所示。

图7-131　　　　　　　图7-132

7.2.12 路径选择工具

路径选择工具可以选择单个或多个路径，同时还可以用来组合、对齐和分布路径。

选择路径选择工具 ▶，或反复按Shift+A组合键，其属性栏状态如图7-133所示。

图7-133

选择：用于设置所选路径所在的图层。约束路径拖动：勾选此复选框，可以只移动两个锚点间的路径，其他路径不受影响。

7.2.13 直接选择工具

直接选择工具可以移动路径中的锚点或线段，还可以调整手柄和控制点。

路径的原始效果如图7-134所示。选择直接选择工具 ▷，拖曳路径中的锚点来改变路径的弧度，如图7-135所示。

图7-134　　　　　图7-135

7.2.14 填充路径

在图像中创建路径，如图7-136所示。单击"路径"控制面板右上方的 ≡ 图标，在弹出的菜单中选择"填充路径"命令，弹出"填充路径"对话框，如图7-137所示。设置完成后，单击"确定"按钮，效果如图7-138所示。

图7-136　　　　图7-137　　　　图7-138

单击"路径"控制面板下方的"用前景色填充路径"按钮 ●，也可以填充路径。按住Alt键的同时，单击"用前景色填充路径"按钮 ●，将弹出"填充路径"对话框，设置完成后，单击"确定"按钮，也可以填充路径。

7.2.15 为路径描边

在图像中创建路径，如图7-139所示。单击"路径"控制面板右上方的 ≡ 图标，在弹出的菜单中选择"描边路径"命令，弹出"描边路径"对话框。"工具"下拉列表中共有19种工具可供选择，若选择了画笔工具，在画笔工具属性栏中设定的画笔类型将直接影响此处的描边效果。

"描边路径"对话框中的设置如图7-140所示，单击"确定"按钮，效果如图7-141所示。

图7-139　　　　图7-140　　　　图7-141

单击"路径"控制面板下方的"用画笔描边路径"按钮 ○，也可以为路径描边。按住Alt

键的同时，单击"用画笔描边路径"按钮 ○ ，将弹出"描边路径"对话框，设置完成后，单击"确定"按钮，也可以为路径描边。

7.3 创建3D图形

在Photoshop中可以使用各种形状预设将平面图形创建为3D模型。只有将图层变为3D图层，才能使用3D工具和命令。

打开一张图片，如图7-142所示。选择"3D > 从图层新建网格 > 网格预设"命令，弹出如图7-143所示的子菜单，选择需要的命令可以创建不同的3D模型。

选择各命令创建出的3D模型如图7-144所示。

图7-142　　　　　　　　　　图7-143

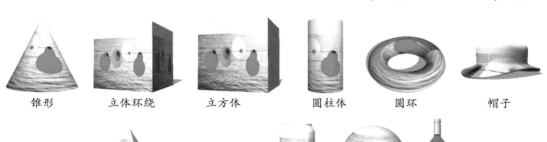

| 锥形 | 立体环绕 | 立方体 | 圆柱体 | 圆环 | 帽子 |

| 金字塔 | 环形 | 汽水 | 球体 | 酒瓶 |

图7-144

7.4 使用3D工具

在Photoshop中使用3D对象工具可以旋转、缩放或移动模型。当操作3D模型时，相机视图保持固定。

打开一张包含3D模型的图片，如图7-145所示。选中3D图层，选择环绕移动3D相机工具 ，图像窗口中的鼠标指针变为 形状，上下拖动可使模型围绕其x轴旋转，如图7-146所示；向两侧拖动可使模型围绕其y轴旋转，效果如图7-147所示。按住Alt键的同时进行拖移可滚动模型。

图7-145 　　　 图7-146 　　　 图7-147

选择滚动3D相机工具 ◎，图像窗口中的鼠标指针变为 形状，向两侧拖曳可使模型绕z轴旋转，效果如图7-148所示。

选择平移3D相机工具 ✥，图像窗口中的鼠标指针变为 形状，向两侧拖曳可沿水平方向移动模型，如图7-149所示；上下拖曳可沿竖直方向移动模型，如图7-150所示。按住Alt键的同时进行拖移可沿x/z轴方向移动。

图7-148 　　　 图7-149 　　　 图7-150

选择滑动3D相机工具 ✥，图像窗口中的鼠标指针变为 形状，向两侧拖曳可沿水平方向移动模型，如图7-151所示；上下拖动可将模型移近或移远，如图7-152所示。按住Alt键的同时进行拖移可沿x/y轴方向移动。

图7-151 　　　 图7-152

选择变焦3D相机工具 ■，图像窗口中的鼠标指针变为 形状，上下拖曳可将模型放大或缩小，如图7-153所示。按住Alt键的同时进行拖移可沿z轴方向缩放。

图7-153

课堂练习——制作餐饮类App引导页

【练习知识要点】使用移动工具添加素材图片，使用横排文字工具和字符面板制作文字信息，使用椭圆工具和圆角矩形工具绘制滑动点及按钮，最终效果如图7-154所示。

【效果所在位置】Ch07\效果\制作餐饮类App引导页.psd。

图7-154

【习题知识要点】使用钢笔工具、添加锚点工具和转换点工具绘制路径，使用椭圆选框工具、羽化命令和自由变换命令制作投影，最终效果如图7-155所示。

【效果所在位置】Ch07\效果\制作新婚请柬.psd。

图7-155

第 8 章

调整图像的色彩和色调

本章介绍

本章主要介绍调整图像色彩与色调的多种命令。通过对本章的学习，读者可以根据不同的需要应用多种调整命令对图像的色彩或色调进行细微的调整，还可以对图像进行特殊的颜色处理。

学习目标

- 熟练掌握调整图像色彩与色调的方法。
- 掌握特殊的颜色处理技巧。

技能目标

- 掌握"阳光女孩照片模板"的制作方法。
- 掌握"箱包网店详情页主图"的调整方法。
- 掌握"美食照片"的调整方法。
- 掌握"舞蹈培训公众号海报图"的制作方法。
- 掌握"素描人物照片"的制作方法。

调整图像的色彩与色调是Photoshop的强项，是读者必须要掌握的一项功能。在实际的设计制作中经常会用到这个操作。

8.1.1 亮度/对比度

亮度/对比度命令可以调整整个图像的亮度和对比度。

打开一张图片，如图8-1所示。选择"图像 > 调整 > 亮度/对比度"命令，弹出"亮度/对比度"对话框，设置如图8-2所示，单击"确定"按钮，效果如图8-3所示。

图8-1　　　　　　　图8-2

图8-3

8.1.2 色彩平衡

选择"图像 > 调整 > 色彩平衡"命令，或按Ctrl+B组合键，弹出"色彩平衡"对话框，如图8-4所示。

图8-4

色彩平衡：用于添加过渡色来平衡色彩效果，拖曳滑块可以调整整个图像的色彩，也可以在"色阶"选项的数值框中直接输入数值调整图像的色彩。

色调平衡：用于选取图像的调整区域，包括阴影、中间调和高光。

保持明度：用于保持原图像的明度。

设置不同的色彩平衡参数值后，图像效果如图8-5所示。

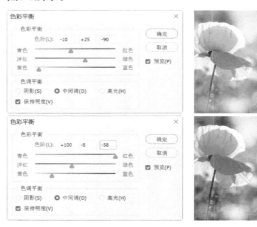

图8-5

8.1.3 反相

选择"图像 > 调整 > 反相"命令，或按Ctrl+I组合键，可以将图像或选区的像素反转为补色，使其出现底片效果。不同色彩模式的图像反相后的效果如图8-6所示。

原图　　　RGB色彩模式　CMYK色彩模式
　　　　　反相后的效果　反相后的效果

图8-6

8.1.4 课堂案例——制作阳光女孩照片模板

【**案例学习目标**】学习使用调色命令调整图片的颜色。

【**案例知识要点**】使用自动色调命令和色调均化命令调整图片的颜色，最终效果如图8-7所示。

【**效果所在位置**】Ch08\效果\制作阳光女孩照片模板.psd。

图8-7

01 按Ctrl+N组合键，设置宽度为1 175像素，高度为500像素，分辨率为72像素/英寸，颜色模式为RGB，背景内容为白色，单击"创建"按钮，新建文档。

02 按Ctrl+O组合键，打开本书学习资源中的"Ch08\素材\制作阳光女孩照片模板\01"文件。选择移动工具，将其拖曳到新建的图像窗口中适当的位置，如图8-8所示，在"图层"控制面板中生成新的图层，将其命名为"图片"。按Ctrl+J组合键，复制图层，如图8-9所示。

图8-8

图8-9

03 选择"图像 > 自动色调"命令，调整图像的色调，效果如图8-10所示。选择"图像 > 调整 > 色调均化"命令，调整图像，效果如图8-11所示。

图8-10

图8-11

04 按Ctrl+O组合键，打开本书学习资源中的"Ch08\素材\制作阳光女孩照片模板\02"文件。选择移动工具，将02图像拖曳到01图像窗口中适当的位置，效果如图8-12所示，在"图层"控制面板中生成新的图层，将其命名为"文字"。阳光女孩照片模板制作完成。

图8-12

8.1.5 自动色调

自动色调命令可以对图像的色调进行自动调整。系统将以0.1%的色调来对图像进行加亮和变暗。按Shift+Ctrl+L组合键，可以对图像的色调进行自动调整。

8.1.6 自动对比度

自动对比度命令可以对图像的对比度进行自

动调整。按Alt+Shift+Ctrl+L组合键，可以对图像的对比度进行自动调整。

8.1.7 自动颜色

自动颜色命令可以对图像的色彩进行自动调整。按Shift+Ctrl+B组合键，可以对图像的色彩进行自动调整。

8.1.8 色调均化

色调均化命令用于调整图像或选区像素的过黑部分，使图像变得明亮，并将图像中其他的像素平均分配在亮度色谱中。

选择"图像 > 调整 > 色调均化"命令，在不同的色彩模式下图像将产生不同的效果，如图8-13所示。

原始图像　RGB色调　CMYK色调　Lab色调
　　　　　均化的效果　均化的效果　均化的效果

图8-13

8.1.9 课堂案例——调整箱包网店详情页主图

【案例学习目标】学习使用调色命令调整图像的色调。

【案例知识要点】使用色相/饱和度命令调整照片的色调，最终效果如图8-14所示。

【效果所在位置】Ch08\效果\调整箱包网店详情页主图.psd。

图8-14

01 按Ctrl+N组合键，设置宽度为800像素，高度为800像素，分辨率为72像素/英寸，颜色模式为RGB，背景内容为白色，单击"创建"按钮，新建文档。

02 按Ctrl＋O组合键，打开本书学习资源中的"Ch08\素材\调整箱包网店详情页主图\01"文件，如图8-15所示。选择移动工具 ⊕，将其拖曳到新建的图像窗口中适当的位置，在"图层"控制面板中生成新图层，将其命名为"包包"，如图8-16所示。选择"图像 > 调整 > 色相/饱和度"命令，在弹出的对话框中进行设置，如图8-17所示。

图8-15　　　　　　　　　图8-16

图8-17

03 单击"颜色"选项，在弹出的下拉列表中选择"红色"选项，切换到相应的对话框中进行设置，如图8-18所示。单击"颜色"选项，在弹出的下拉列表中选择"黄色"选项，切换到相应的对话框中进行设置，如图8-19所示。

04 单击"颜色"选项，在弹出的下拉列表中选择"青色"选项，切换到相应的对话框中进行设置，如图8-20所示。单击"颜色"选项，在弹出的下拉列表中选择"蓝色"选项，切换到相应的对话框中进行设置，如图8-21所示。

图8-18

图8-19

图8-20

图8-21

05 单击"颜色"选项，在弹出的下拉列表中选择"洋红"选项，切换到相应的对话框中进行设置，如图8-22所示，单击"确定"按钮，效果如图8-23所示。

06 单击"图层"控制面板下方的"添加图层样式"按钮 fx.，在弹出的菜单中选择"投影"命令，弹出对话框，选项的设置如图8-24所示，单击"确定"按钮，效果如图8-25所示。

07 按Ctrl+O组合键，打开本书学习资源中的"Ch08\素材\调整箱包网店详情页主图\02"文件，如图8-26所示。选择移动工具 ⊕.，将02图像拖曳到图像窗口中适当的位置，效果如图8-27所示，在"图层"控制面板中生成新图层，将其命名为"文字"。箱包网店详情页主图调整完成。

图8-22

图8-23

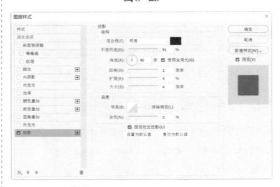

图8-24

图8-25

图8-26

图8-27

8.1.10 色相/饱和度

打开一张图片。选择"图像 > 调整 > 色相/饱和度"命令，或按Ctrl+U组合键，弹出"色相/饱和度"对话框，设置如图8-28所示。单击"确定"按钮，效果如图8-29所示。

图8-28　　　　　　　图8-29

预设：用于选择要调整的色彩范围，可以通过拖曳各选项中的滑块来调整图像的色相、饱和度和明度。着色：用于在由灰度模式转化而来的色彩模式图像中添加需要的颜色。

在对话框中勾选"着色"复选框，设置如图8-30所示，单击"确定"按钮，图像效果如图8-31所示。

图8-30　　　　　　　图8-31

8.1.11 色阶

打开一张图片，如图8-32所示。选择"图像 > 调整 > 色阶"命令，或按Ctrl+L组合键，弹出"色阶"对话框，如图8-33所示。对话框中间是一个直方图，其横坐标为0~255，表示亮度值，纵坐标为图像的像素数。

通道：可以选择不同的颜色通道来调整图像。如果想选择两个以上的色彩通道，要先在"通道"控制面板中选择所需要的通道，再调出"色阶"对话框。

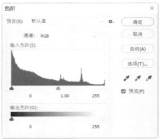

图8-32　　　　　　　图8-33

输入色阶：可以通过输入数值或拖曳滑块来调整图像。左侧的数值框和黑色滑块用于调整黑色，图像中低于该亮度值的所有像素将变为黑色；中间的数值框和灰色滑块用于调整灰度，其数值范围为0.01~9.99；右侧的数值框和白色滑块用于调整白色，图像中高于该亮度值的所有像素将变为白色。

调整"输入色阶"选项的3个滑块后，图像将产生不同色彩效果，如图8-34所示。

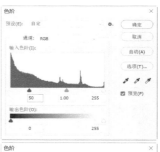

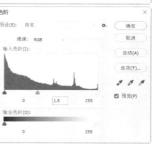

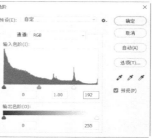

图8-34

输出色阶：可以通过输入数值或拖曳滑块来控制图像的亮度范围。左侧的数值框和黑色滑块用于调整图像中最暗像素的亮度；右侧数值框和白色滑块用于调整图像中最亮像素的亮度。

调整"输出色阶"选项的2个滑块后，图像将产生不同色彩效果，如图8-35所示。

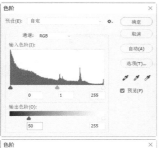

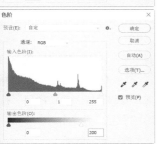

图8-35

自动(A)：可以自动调整图像并设置层次。

选项(T)…：单击此按钮，弹出"自动颜色校正选项"对话框，系统将以0.1%的色阶来对图像进行加亮和变暗。

取消：按住Alt键，转换为 复位 按钮，单击此按钮可以将调整过的色阶复位还原，可以重新进行设置。

分别为黑色吸管工具、灰色吸管工具和白色吸管工具。选中黑色吸管工具，用鼠标在图像中单击一点，图像中暗于单击点的所有像素都会变为黑色；选中灰色吸管工具，在图像中单击，单击点的像素都会变为灰色，图像中的其他颜色也会有相应调整；选中白色吸管工具，在图像中单击一点，图像中亮于单击点的所有像素都会变为白色。双击任意吸管工具，在弹出的颜色选择对话框中可以设置吸管颜色。

8.1.12　曲线

曲线命令可以通过调整图像色彩曲线上的任意一个像素点来改变图像的色彩范围。

打开一张图片，如图8-36所示。选择"图像 > 调整 > 曲线"命令，或按Ctrl+M组合键，弹出对话框，如图8-37所示。在图像中单击，如图8-38所示，对话框的图表上会出现一个方框，x轴坐标为色彩的输入值，y轴坐标为色彩的输出值，表示在图像中单击处的像素数，如图8-39所示。

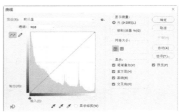

图8-36　　　　　　　　　图8-37

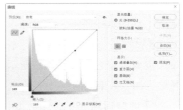

图8-38　　　　　　　　　图8-39

"通道"选项：可以选择图像的颜色调整通道。：可以改变曲线的形状、添加或删除控制点。输入/输出：显示图表中鼠标指针所在位置的亮度值。显示数量：可以选择图表的显示方式。网格大小：可以选择图表中网格的显示大小。显示：可以选择图表的显示内容。自动(A)：可以自动调整图像的亮度。下面为调整为不同曲线后的图像效果，如图8-40所示。

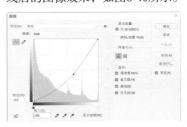

图8-40

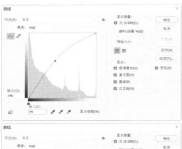

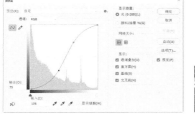

图8-40（续）

8.1.13 渐变映射

打开一张图片，如图8-41所示。选择"图像
> 调整 > 渐变映射"命令，弹出"渐变映射"对
话框，如图8-42所示。单击"点按可编辑渐变"
按钮 ，在弹出的"渐变编辑器"对话
框中设置渐变色，如图8-43所示。单击"确定"
按钮，图像效果如图8-44所示。

灰度映射所用的渐变：用于选择和设置渐
变。仿色：用于为转变色阶后的图像增加仿色。

反向：用于反转转变色阶后的
图像颜色。

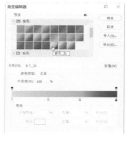

图8-41　　　　　　图8-42

图8-43　　　　　　图8-44

8.1.14 课堂案例——调整美食照片

【案例学习目标】学习使用调色命令调整食
物图像。

【案例知识要点】使用照片滤镜命令和阴
影/高光命令调整美食照片，最终效果如图8-45
所示。

【效果所在位置】Ch08\效果\调整美食照
片.psd。

图8-45

01 按Ctrl＋O组合键，打开本书学习资源中的
"Ch08\素材\调整美食照片\01"文件，如图8-46
所示。按Ctrl+J组合键，复制图层，在"图层"控
制面板中生成新的图层"图层1"。

图8-46

02 选择"图像 > 调整 > 照片滤镜"命令，在弹出
的对话框中进行设置，如图8-47所示，单击"确
定"按钮，效果如图8-48所示。

图8-47　　　　　　图8-48

03 选择"图像 > 调整 > 阴影/高光"命令，弹出

对话框，勾选"显示更多选项"复选框，选项的设置如图8-49所示，单击"确定"按钮，图像效果如图8-50所示。

图8-49

04 按Ctrl＋O组合键，打开本书学习资源中的"Ch08\素材\调整美食照片\02"文件。选择移动工具 ⊕ ，将其拖曳到新建的图像窗口中适当的位置，如图8-51所示，在"图层"控制面板中生成新的图层，将其命名为"文字"。美食照片调整完成。

图8-50　　　　　　　　图8-51

8.1.15 阴影/高光

打开一张图片。选择"图像 > 调整 > 阴影/高光"命令，弹出"阴影/高光"对话框，设置如图8-52所示。单击"确定"按钮，效果如图8-53所示。

图8-52　　　　　　　　图8-53

8.1.16 可选颜色

打开一张图片，如图8-54所示。选择"图像 > 调整 > 可选颜色"命令，弹出"可选颜色"对话框，设置如图8-55所示。单击"确定"按钮，效果如图8-56所示。

图8-54　　　　　　　　图8-55

图8-56

颜色：可以选择图像中含有的不同色彩，通过拖曳滑块或输入数值调整青色、洋红、黄色、黑色的百分比。方法：可以选择调整方法，包括"相对"和"绝对"。

8.1.17 曝光度

打开一张图片。选择"图像 > 调整 > 曝光度"命令，弹出"曝光度"对话框，设置如图8-57所示。单击"确定"按钮，效果如图8-58所示。

图8-57　　　　　　　　图8-58

曝光度：可以调整色彩范围的高光端，对极限阴影的影响很轻微。位移：可以使阴影和中间调变暗，对高光的影响很轻微。灰度系数校正：可以使用乘方函数调整图像灰度系数。

8.1.18 照片滤镜

照片滤镜命令用于模仿传统相机的滤镜效果处理图像，通过调整图片颜色获得各种丰富的效果。

打开一张图片。选择"图像 > 调整 > 照片滤镜"命令，弹出"照片滤镜"对话框，如图8-59所示。

图8-59

滤镜：用于选择颜色调整的过滤模式。颜色：单击右侧的图标，弹出"选择滤镜颜色"对话框，可以设置颜色值，对图像进行过滤。密度：可以设置过滤颜色的百分比。保留明度：勾选此复选框，图片的白色部分颜色保持不变，取消勾选此复选框，则图片的全部颜色都随之改变，效果如图8-60所示。

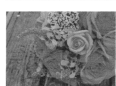

图8-60

8.2　特殊颜色处理命令

特殊颜色处理命令可以使图像产生独特的颜色变化。

8.2.1 课堂案例——制作舞蹈培训公众号海报图

【案例学习目标】学习使用不同的调色命令调整图片颜色。

【案例知识要点】使用去色命令、色阶命令和亮度/对比度命令调整图像，最终效果如图8-61所示。

【效果所在位置】Ch08\效果\制作舞蹈培训公众号海报图.psd。

图8-61

01 按Ctrl+N组合键，设置宽度为750像素，高度为1 181像素，分辨率为72像素/英寸，颜色模式为RGB，背景内容为白色，单击"创建"按钮，新建文档。

02 按Ctrl＋O组合键，打开本书学习资源中的"Ch08\素材\制作舞蹈培训公众号海报图\01"文件，如图8-62所示。选择移动工具 ，将01图像拖曳到新建的图像窗口中，在"图层"控制面板中生成新的图层，将其命名为"人物"。

03 选择"图像 > 调整 > 去色"命令，去除图像颜色，效果如图8-63所示。

图8-62　　　　图8-63

04 按Ctrl+L组合键，弹出"色阶"对话框，选项的设置如图8-64所示，单击"确定"按钮，效果如图8-65所示。

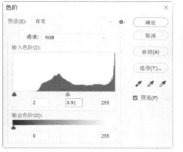 

图8-64　　　　　　　图8-65

05 选择"图像 > 调整 > 亮度/对比度"命令，在弹出的对话框中进行设置，如图8-66所示，单击"确定"按钮，效果如图8-67所示。舞蹈培训公众号海报图制作完成。

图8-66　　　　　　　图8-67

8.2.2 去色

选择"图像 > 调整 > 去色"命令，或按Shift+Ctrl+U组合键，可以去掉图像中的色彩，使图像变为灰度图，但图像的色彩模式并不改变。"去色"命令也可以对图像的选区使用，将选区中的图像去色。

8.2.3 课堂案例——制作素描人物照片

【案例学习目标】学习使用图像调整命令下的阈值命令制作出需要的效果。

【案例知识要点】使用阈值命令制作人物轮廓照片，使用移动工具添加图片，最终效果如图8-68所示。

【效果所在位置】Ch08\效果\制作素描人物照片.psd。

图8-68

01 按Ctrl+N组合键，弹出"新建文档"对话框，设置宽度为200像素，高度为200像素，分辨率为72像素/英寸，颜色模式为RGB，背景内容为白色，单击"创建"按钮，新建一个文件。

02 按Ctrl+O组合键，打开本书学习资源中的"Ch08\素材\制作素描人物照片\01"文件，选择移动工具 ⊕，将人物图片拖曳到新建的图像窗口中适当的位置，并调整其大小，效果如图8-69所示，在"图层"控制面板中生成新的图层，将其命名为"人物"，如图8-70所示。

图8-69　　　　　　　图8-70

03 选择"图像 > 调整 > 阈值"命令，弹出对话框，选项的设置如图8-71所示，单击"确定"按钮，效果如图8-72所示。

04 按Ctrl+O组合键，打开本书学习资源中的"Ch08\素材\制作素描人物照片\02"文件，选择移动工具 ⊕，将文字图片拖曳到新建的图像窗口中适当的位置，效果如图8-73所示，在"图层"控制面板中生成新的图层，将其命名为"文字"。素描人物照片制作完成。

图8-71　　　　　图8-72　　　　　图8-73

8.2.4　阈值

　　打开一张图片，如图8-74所示。选择"图像 > 调整 > 阈值"命令，弹出"阈值"对话框，设置如图8-75所示。单击"确定"按钮，图像效果如图8-76所示。

　　阈值色阶：可以通过拖曳滑块或输入数值改变图像的阈值。系统将使大于阈值的像素变为白色，小于阈值的像素变为黑色，使图像具有高度反差。

图8-74　　　　　图8-75　　　　　图8-76

8.2.5　色调分离

　　打开一张图片。选择"图像 > 调整 > 色调分离"命令，弹出"色调分离"对话框，设置如图8-77所示。单击"确定"按钮，效果如图8-78所示。

图8-77　　　　　　　　图8-78

　　色阶：可以指定色阶数，系统将以256阶的亮度对图像中的像素亮度进行分配。色阶数值越高，图像产生的变化越小。

8.2.6　替换颜色

　　替换颜色命令能够将图像中的颜色替换。

　　打开一张图片。选择"图像 > 调整 > 替换颜色"命令，弹出"替换颜色"对话框。在图像中单击吸取要替换的颜色，再调整色相、饱和度和明度，设置"结果"选项为蓝色，其他选项的设置如图8-79所示。单击"确定"按钮，效果如图8-80所示。

图8-79　　　　　　　　图8-80

8.2.7　通道混合器

　　打开一张图片，如图8-81所示。选择"图像 > 调整 > 通道混合器"命令，弹出"通道混合器"对话框，设置如图8-82所示。单击"确定"按钮，效果如图8-83所示。

图8-81　　　　　　　　图8-82

图8-83

　　输出通道：可以选择要调整的通道。源通道：可以设置输出通道中源通道所占的百分比。常数：可以调整输出通道的灰度值。单色：可以将彩色图像转换为黑白图像。

提示

所选图像的色彩模式不同，则"通道混合器"对话框中的内容也不同。

8.2.8 匹配颜色

匹配颜色命令用于对色调不同的图片进行调整，统一成一个协调的色调。

打开两张不同色调的图片，如图8-84和图8-85所示。选择需要调整的图片，选择"图像 > 调整 > 匹配颜色"命令，弹出"匹配颜色"对话框，在"源"选项中选择要匹配的文件的名称，再设置其他各选项，如图8-86所示，单击"确定"按钮，效果如图8-87所示。

目标：显示所选择的要调整的文件的名称。应用调整时忽略选区：如果当前调整的图中有选区，勾选此复选框，可以忽略图中的选区，调整整张图像的颜色，不勾选此复选框，只调整图像中选区内的颜色，效果如图8-88和图8-89所示。

图8-86

图8-87

图8-88

图8-89

图像选项：可以通过拖动滑块或输入数值来调整图像的明亮度、颜色强度和渐隐。中和：可以确定是否消除图像中的色偏。图像统计：可以设置图像的颜色来源。

图8-84

图8-85

✏️ **课堂练习——制作汽车工业行业活动邀请H5页面**

【练习知识要点】使用照片滤镜命令、色阶命令和亮度/对比度命令调整图像，最终效果如图8-90所示。

【效果所在位置】Ch08\效果\制作汽车工业行业活动邀请H5页面.psd。

图8-90

【习题知识要点】使用色阶命令和阴影/高光命令调整曝光不足的照片，最终效果如图8-91所示。

【效果所在位置】Ch08\效果\制作时尚娱乐App引导页.psd。

图8-91

第 *9* 章

图层的应用

本章介绍

本章主要介绍图层的应用技巧，讲解图层的混合模式、样式以及填充和调整图层、图层复合、盖印图层与智能对象图层。通过对本章的学习，读者可以掌握图层的高级应用技巧，制作出丰富多样的图像效果。

学习目标

- 掌握图层混合模式和图层样式的使用方法。
- 掌握填充和调整图层的应用技巧。
- 了解图层复合、盖印图层和智能对象图层。

技能目标

- 掌握"文化创意运营海报"的制作方法。
- 掌握"亮光立体字"的制作方法。
- 掌握"宝宝成长照片模板"的制作方法。

9.1 图层的混合模式

图层混合模式在图像处理及效果制作中被广泛应用，特别是在多个图像合成方面更有其独特的作用。

9.1.1 课堂案例——制作文化创意运营海报

【案例学习目标】学习使用混合模式制作图片的融合效果。

【案例知识要点】使用移动工具和混合模式制作图片的融合效果，使用图层蒙版和画笔工具调整图片的融合效果，最终效果如图9-1所示。

【效果所在位置】Ch09\效果\制作文化创意运营海报.psd。

图9-1

01 按Ctrl+N组合键，弹出"新建文档"对话框，设置宽度为750像素，高度为1181像素，分辨率为72像素/英寸，颜色模式为RGB，背景内容为白色，单击"创建"按钮，新建一个文件。

02 按Ctrl+O组合键，打开本书学习资源中的"Ch09\素材\制作文化创意运营海报\01、02"文件，选择移动工具 ⊕ ，将图片分别拖曳到新建的图像窗口中适当的位置，并调整其大小，效果如图9-2所示，在"图层"控制面板中分别生成新图层，将其命名为"人物"和"风景"。

图9-2

03 在"图层"控制面板上方，将"风景"图层的混合模式选项设为"强光"，如图9-3所示，图像效果如图9-4所示。

图9-3

图9-4

04 单击"图层"控制面板下方的"添加图层蒙版"按钮 ▢ ，为"风景"图层添加图层蒙版，如图9-5所示。将前景色设为黑色。选择画笔工具 ✐ ，在属性栏中单击"画笔预设"选项右侧的 ⌄ 按钮，在弹出的画笔面板中选择需要的画笔形状，设置如图9-6所示，在属性栏中将"不透明度"选项设为47%，"流量"选项设为59%，"平滑"选项设为49%，在图像窗口中进行涂抹擦除不需要的部分，效果如图9-7所示。

图9-5 图9-6

图9-7

05 按Ctrl+O组合键，打开本书学习资源中的"Ch09\素材\制作文化创意运营海报\03"文件，选择移动工具 ⊕，将图片拖曳到新建的图像窗口中适当的位置，并调整其大小，效果如图9-8所示，在"图层"控制面板中生成新图层，将其命名为"森林"。

06 在"图层"控制面板上方，将"森林"图层的混合模式选项设为"变亮"，如图9-9所示，图像效果如图9-10所示。

图9-8 图9-9 图9-10

07 单击"图层"控制面板下方的"添加图层蒙版"按钮 ▢，为"森林"图层添加图层蒙版，如图9-11所示。选择画笔工具 ✎，在图像窗口中进行涂抹，擦除不需要的部分，效果如图9-12所示。

图9-11 图9-12

08 按Ctrl+O组合键，打开本书学习资源中的"Ch09\素材\制作文化创意运营海报\04"文件，选择移动工具 ⊕，将图片拖曳到新建的图像窗口中适当的位置，并调整其大小，效果如图9-13所示，在"图层"控制面板中生成新图层，将其命名为"云"。

图9-13

09 在"图层"控制面板上方，将"云"图层的混合模式选项设为"点光"，如图9-14所示，图像效果如图9-15所示。

图9-14 图9-15

10 单击"图层"控制面板下方的"添加图层蒙

版"按钮 ▣ ，为"云"图层添加图层蒙版，如图
9-16所示。选择画笔工具 ✐ ，在图像窗口中进行
涂抹，擦除不需要的部分，效果如图9-17所示。

图9-16　　　　　　　　图 9-17

11 按Ctrl+O组合键，打开本书学习资源中的
"Ch09\素材\制作文化创意运营海报\05"文件，选
择移动工具 ✛ ，将文字拖曳到新建的图像窗口中
适当的位置，效果如图9-18所示，在"图层"控制
面板中生成新图层并将其命名为"文字"，如图
9-19所示。文化创意运营海报制作完成。

图9-18　　　　　　　　图9-19

9.1.2 图层混合模式的应用

　　图层的混合模式用于通过图层间的混合制作
特殊的合成效果。

　　在"图层"控制面板中，| 正常 ▾ | 选项用
于设定图层的混合模式，它包含有27种。打开一张图
片，如图9-20所示，"图层"控制面板如图9-21所示。

　　在对"鱼"图层应用不同的混合模式后，图
像效果如图9-22所示。

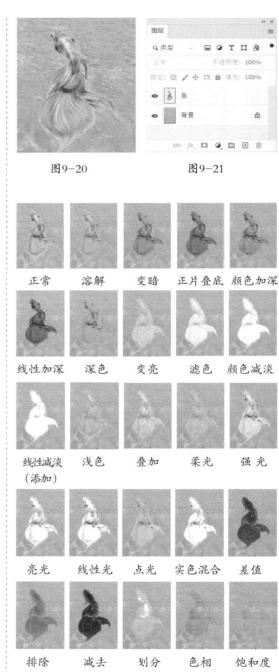

图9-20　　　　　　　　图9-21

正常　溶解　变暗　正片叠底　颜色加深

线性加深　深色　变亮　滤色　颜色减淡

线性减淡　浅色　叠加　柔光　强 光
（添加）

亮光　线性光　点光　实色混合　差值

排除　减去　划分　色相　饱和度

颜色　明度

图9-22

9.2 图层样式

图层样式用于为图层中的图像添加斜面和浮雕、发光、叠加和投影等效果，制作具有丰富质感的图像。

9.2.1 课堂案例——制作亮光立体字

【案例学习目标】学习使用多种图层样式制作出需要的效果。

【案例知识要点】使用图层样式制作亮光立体字效果，最终效果如图9-23所示。

【效果所在位置】Ch09\效果\制作亮光立体字.psd。

图9-23

01 按Ctrl＋O组合键，打开本书学习资源中的"Ch09\素材\制作亮光立体字\01"文件，如图9-24所示。

02 将前景色设为蓝色（29、200、222）。选择横排文字工具 T.，在适当的位置输入需要的文字并选取文字，在属性栏中选择合适的字体并设置大小，效果如图9-25所示，在"图层"控制面板中生成新的文字图层。

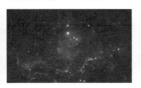

图9-24

图9-25

03 选取需要的文字。按Ctrl+T组合键，弹出"字符"面板，将"水平缩放"选项 I 100% 设置为90%，其他选项的设置如图9-26所示，按Enter键确认操作，效果如图9-27所示。

图9-26

图9-27

04 新建图层并将其命名为"图形"。选择自定形状工具 ，单击属性栏中的"形状"选项，弹出"形状"面板，如图9-28所示。单击面板右上方的 按钮，在弹出的菜单中选择"全部"命令，弹出提示对话框，单击"确定"按钮。在"形状"面板中选择需要的图形。在属性栏的"选择工具模式"选项中选择"像素"，在图像窗口中拖曳鼠标绘制图形，如图9-29所示。

图9-28

图9-29

05 在"图层"控制面板中，按住Shift键的同时，将"MAGIC SPACE"文字图层和"图形"图层同时选取，如图9-30所示。按Ctrl+E组合键，将选中的图层合并，并将其命名为"图形文字"，如图9-31所示。

图9-30

06 按Ctrl+J组合键，复制"图形文字"图层，生成新的图层"图形文字 拷贝",将其拖曳到"图形文字"图层的下方,如图9-32所示。

图9-31　　　　　　　　图9-32

07 选择"滤镜 > 模糊 > 高斯模糊"命令,在弹出的对话框中进行设置,如图9-33所示,单击"确定"按钮,效果如图9-34所示。

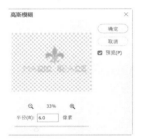

图9-33　　　　　　　　图9-34

08 在"图层"控制面板上方,将"图形文字"图层的"填充"选项设为0%,如图9-35所示,按Enter键确认操作,图像效果如图9-36所示。

图9-35　　　　　　　　图9-36

09 单击"图层"控制面板下方的"添加图层样式"按钮 fx,在弹出的菜单中选择"斜面和浮雕"命令,在弹出的对话框中进行设置,如图9-37所示。选择"内阴影"选项,切换到相应的对话框中进行设置,如图9-38所示。选择"颜色叠加"选项,切换到相应的对话框中,将叠加颜

色设为白色,其他选项的设置如图9-39所示,单击"确定"按钮,效果如图9-40所示。

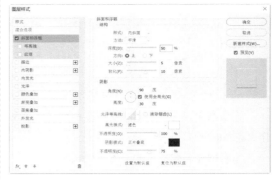

图9-37

图9-38

图9-39

图9-40

10 单击"图层"控制面板下方的"添加图层样

式"按钮 _fx_ ，在弹出的菜单中选择"外发光"命令，弹出对话框，将发光颜色设为白色，其他选项的设置如图9-41所示，单击"确定"按钮，效果如图9-42所示。

图9-41

图9-42

11 单击"图层"控制面板下方的"添加图层样式"按钮 _fx_ ，在弹出的菜单中选择"投影"命令，在弹出的对话框中进行设置，如图9-43所示，单击"确定"按钮，效果如图9-44所示。亮光立体字制作完成。

图9-43

图9-44

9.2.2　样式控制面板

"样式"控制面板用于存储各种图层特效，并将其快速地套用在要编辑的对象中，节省操作步骤和操作时间。

打开一幅图像，如图9-45所示。选择要添加样式的图层。选择"窗口 > 样式"命令，弹出"样式"控制面板，单击右上方的 ≡ 图标，在弹出的菜单中选择"旧版样式及其他"命令，如图9-46所示，选择"凹凸"样式，如图9-47所示，图形被添加样式，效果如图9-48所示。

图9-45　　　　　图9-46

图9-47　　　　　图9-48

样式添加完成后，"图层"控制面板如图9-49所示。如果要删除其中某个样式，将其直接拖曳到控制面板下方的"删除图层"按钮 🗑 上，如图9-50所示，删除后的效果如图9-51所示。

图9-49　　　　　　　　　　图9-50

图9-51

9.2.3　图层样式的应用

Photoshop提供了多种图层样式供选择，可以为图像添加一种样式，还可以同时为图像添加多种样式。

单击"图层"控制面板右上方的 ≡ 图标，弹出面板菜单，选择"混合选项"命令，弹出对话框，如图9-52所示。单击对话框左侧的任意选项，将切换到相应的效果对话框。还可以单击"图层"控制面板下方的"添加图层样式"按钮 *fx.*，弹出其菜单，如图9-53所示。

图9-52　　　　　　　　　图9-53

"斜面和浮雕"命令用于使图像产生一种

倾斜与浮雕的效果，"描边"命令用于为图像描边，"内阴影"命令用于使图像内部产生阴影效果，如图9-54所示。

斜面和浮雕　　　描边　　　内阴影

图9-54

"内发光"命令用于在图像的边缘内部产生一种辉光效果，"光泽"命令用于使图像产生一种光泽的效果，"颜色叠加"命令用于使图像产生一种颜色叠加效果，如图9-55所示。

内发光　　　光泽　　　颜色叠加

图9-55

"渐变叠加"命令用于使图像产生一种渐变叠加效果，"图案叠加"命令用于在图像上添加图案效果，如图9-56所示。

渐变叠加　　　图案叠加

图9-56

"外发光"命令用于在图像的边缘外部产生一种辉光效果，"投影"命令用于使图像产生阴影效果，如图9-57所示。

外发光　　　投影

图9-57

9.3 新建填充和调整图层

　　填充图层可以为图层添加纯色、渐变和图案，调整图层是将调整色彩和色调命令应用于图层，两种调整都是在不改变原图层像素的前提下创建特殊的图像效果。

9.3.1 课堂案例——制作宝宝成长照片模板

　　【案例学习目标】学习使用滤镜和调整图层制作照片模板。

　　【案例知识要点】使用艺术效果滤镜制作背景的海报效果，使用黑白、色阶和曲线调整图层调整图片颜色，使用横排文字工具添加文字，最终效果如图9-58所示。

　　【效果所在位置】Ch09\效果\制作宝宝成长照片模板.psd。

01 按Ctrl+O组合键，打开本书学习资源中的"Ch09\素材\制作宝宝成长照片模板\01"文件，如图9-59所示。选择"滤镜 > 滤镜库"命令，在弹出的对话框中进行设置，如图9-60所示，单击"确定"按钮，效果如图9-61所示。

图9-58　　　　　　图9-59

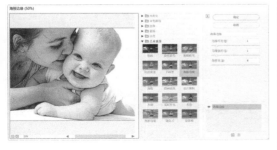

图9-60

02 单击"图层"控制面板下方的"创建新的填充和调整图层"按钮，在弹出的菜单中选择"黑白"命令，在"图层"控制面板中生成"黑

白 1"图层，同时弹出"黑白"面板，如图9-62所示，图像效果如图9-63所示。

图9-61

图9-62　　　　　　图9-63

03 单击"图层"控制面板下方的"创建新的填充和调整图层"按钮，在弹出的菜单中选择"色阶"命令，在"图层"控制面板中生成"色阶 1"图层，同时弹出"色阶"面板，选项的设置如图9-64所示；将通道选项设为"红"，选项的设置如图9-65所示，按Enter键确认操作，效果如图9-66所示。

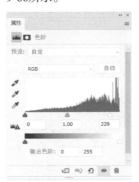
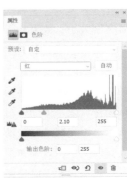

图9-64　　　　　　图9-65

图9-66

04 单击"图层"控制面板下方的"创建新的填充和调整图层"按钮 ◐.，在弹出的菜单中选择"曲线"命令，在"图层"控制面板中生成"曲线1"图层，同时弹出"曲线"面板，将通道选项设为"绿"，选项的设置如图9-67所示；将通道选项设为"蓝"，选项的设置如图9-68所示；按Enter键确认操作，效果如图9-69所示。

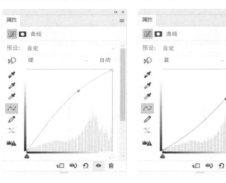

图9-67　　　　　　图9-68

图9-69

05 选择横排文字工具 T.，在适当的位置输入文字并选取文字，在属性栏中选择合适的字体并设置文字大小，效果如图9-70所示。在"图层"控制面板中生成新的文字图层。按Ctrl+T组合键，文字周围出现变换框，拖曳鼠标将文字旋转适当的角度，按Enter键确认操作，效果如图9-71所示。用相同的方法输入其他文字，效果如图9-72所示。宝宝成长照片模板制作完成。

图9-70

图9-71　　　　　　图9-72

9.3.2 填充图层

选择"图层 > 新建填充图层"命令，或单击"图层"控制面板下方的"创建新的填充和调整图层"按钮 ◐.，弹出菜单，其中包括3个填充层命令，如图9-73所示，选择其中的一个命令，弹出"新建图层"对话框。这里以选择"渐变"为例，如图9-74所示，单击"确定"按钮，弹出"渐变填充"对话框，如图9-75所示。单击"确定"按钮，"图层"控制面板和图像的效果如图9-76和图9-77所示。

图9-73　　　　　　图9-75

图9-74

图9-76　　　　　　图9-77

9.3.3 调整图层

选择"图层 > 新建调整图层"命令，或单击"图层"控制面板下方的"创建新的填充或调整图层"按钮 ◐.，弹出菜单，其中包括多个调整图层命令，如图9-78所示，选择不同的调整图层命令，将弹出"新建图层"对话框，如图9-79

示，单击"确定"按钮，将弹出不同的调整面板。以选择"色相/饱和度"为例，设置如图9-80所示，按Enter键确认操作，"图层"控制面板和图像的效果如图9-81和图9-82所示。

图9-78　　　　　　图9-79

图9-80　　　　图9-81　　　　图9-82

9.4 图层复合、盖印图层与智能对象图层

应用图层复合、盖印图层与智能对象图层可以提高制作图像的效率，快速地得到需要的效果。

9.4.1 图层复合

图层复合可将同一文件中的不同图层效果组合并另存为多个"图层效果组合"，可以更加方便快捷地展示和比较不同图层组合设计的视觉效果。

1. 控制面板

设计好的图像效果如图9-83所示，"图层"控制面板如图9-84所示。选择"窗口 > 图层复合"命令，弹出"图层复合"控制面板，如图9-85所示。

图9-83

图9-84

图9-85

2. 创建图层复合

单击"图层复合"控制面板右上方的 ≡ 图标，在弹出的菜单中选择"新建图层复合"命令，弹出"新建图层复合"对话框，如图9-86所示，单击"确定"按钮，建立"图层复合 1"，如图9-87所示，所建立的"图层复合 1"中存储的是当前制作的效果。

图9-86　　　　　　图9-87

再对图像进行修饰和编辑，图像效果如图9-88所示，"图层"控制面板如图9-89所示。选择"新建图层复合"命令，建立"图层复合2"，如图9-90所示，所建立的"图层复合2"中存储的是修饰编辑后的效果。

图9-88

图9-89　　　　　　　　　　图9-90

3. 查看图层复合

在"图层复合"控制面板中，单击"图层复合1"左侧的方框，显示图标，如图9-91所示，可以观察"图层复合1"中的图像，效果如图9-92所示。单击"图层复合2"左侧的方框，显示图标，如图9-93所示，可以观察"图层复合2"中的图像，效果如图9-94所示。

图9-91　　　　　　　　　　图9-92

图9-93　　　　　　　　　　图9-94

单击"应用选中的上一图层复合"按钮◀和"应用选中的下一图层复合"按钮▶，可以快速地对两次的图像编辑效果进行比较。

9.4.2 盖印图层

盖印图层是将图像窗口中所有当前显示出来的图像合并到一个新的图层中。

在"图层"控制面板中选中一个可见图层，如图9-95所示。按Alt+Shift+Ctrl+E组合键，将每个图层中的图像复制并合并到一个新的图层中，如图9-96所示。

图9-95　　　　　　　　　　图9-96

9.4.3 智能对象图层

智能对象可以将一个或多个图层甚至一个矢量图形文件包含在Photoshop文件中。以智能对象形式嵌入到Photoshop文件中的位图或矢量文件与当前的Photoshop文件能够保持相对的独立性。当对Photoshop文件进行修改或对智能对象进行变形、旋转时，不会影响嵌入的位图或矢量文件。

1. 创建智能对象

选择"文件 > 置入嵌入对象"命令，为当前的图像文件置入一个矢量文件或位图文件。

打开一幅图像，如图9-97所示，"图层"控制面板图9-98所示。选择"图层 > 智能对象 > 转换为智能对象"命令，可以将选中的图层转换为智能对象图层，如图9-99所示。

图9-97

图9-98　　　　　　　图9-99

在Illustrator软件中对矢量对象进行拷贝，再回到Photoshop软件中将拷贝的对象粘贴，也可以创建智能对象图层。

2. 编辑智能对象

双击"枫树"图层的缩览图，Photoshop将打开一个新文件，即智能对象"枫树"，如图9-100所示。此智能对象文件包含一个普通图层，如图9-101所示。

在智能对象文件中对图像进行修改并保存，

效果如图9-102所示。保存后，修改操作将影响嵌入此智能对象文件的图像的最终效果，如图9-103所示。

图9-100　　　　　　　图9-101

图9-102　　　　　　　图9-103

课堂练习——制作家电类网站首页Banner

【练习知识要点】使用移动工具添加图片，使用图层混合模式和图层蒙版制作火焰，最终效果如图9-104所示。

【效果所在位置】Ch09\效果\制作家电类网站首页Banner.psd。

图9-104

【习题知识要点】使用通道混合器命令和黑白命令调整图像，最终效果如图9-105所示。

【效果所在位置】Ch09\效果\制作旅游宣传Banner.psd。

图9-105

第 *10* 章

应用文字

本章介绍

本章主要介绍Photoshop中文字的应用技巧。通过对本章的学习,读者可以掌握点文字、段落文字的输入方法及变形文字和路径文字的制作技巧。

学习目标

- 熟练掌握文字的输入和编辑的技巧。
- 熟练掌握创建变形文字与路径文字的技巧。

技能目标

- 掌握"家装网站首页Banner"的制作方法。
- 掌握"爱宝课堂宣传画"的制作方法。

应用文字工具可以输入文字，使用字符和段落控制面板可以对文字进行编辑和调整。

10.1.1 课堂案例——制作家装网站首页Banner

【案例学习目标】学习使用文字工具和字符控制面板制作家装网站首页Banner。

【案例知识要点】使用移动工具添加素材图片，使用矩形选框工具和椭圆选框工具绘制阴影，使用图层样式为图片添加特殊效果，使用矩形工具、横排文字工具、直排文字工具和字符面板制作品牌及活动信息，最终效果如图10-1所示。

【效果所在位置】Ch10\效果\制作家装网站首页Banner.psd。

图10-1

01 按Ctrl+N组合键，设置宽度为900像素，高度为383像素，分辨率为72像素/英寸，颜色模式为RGB，背景内容为白色，单击"创建"按钮，新建文档。

02 按Ctrl+O组合键，打开本书学习资源中的"Ch10\素材\制作家装网站首页Banner\01、02"文件，选择移动工具 ⊕，将01和02图像分别拖曳到新建的图像窗口中适当的位置，效果如图10-2所示，在"图层"控制面板中分别生成新的图层，将其命名为"底图"和"沙发"。

03 新建图层并将其命名为"阴影1"。将前景色设为黑色。选择矩形选框工具 □，在属性栏中将"羽化"选项设为20像素，在图像窗口中拖曳鼠标绘制选区，如图10-3所示。按Alt+Delete组合

键，用前景色填充选区，效果如图10-4所示。按Ctrl+D组合键，取消选区。

图10-2

图10-3

图10-4

04 将"阴影1"图层拖曳到"沙发"图层的下方，效果如图10-5所示。用相同的方法绘制另一个阴影，效果如图10-6所示。

图10-5

图10-6

05 新建图层并将其命名为"阴影3"。选择椭圆选框工具 ○，在属性栏中选中"添加到选区"按钮 ▣，将"羽化"选项设为3像素，在图像窗口中拖曳鼠标绘制多个选区，如图10-7所示。

06 按Alt+Delete组合键，用前景色填充选区。按Ctrl+D组合键，取消选区。在"图层"控制面板上方，将该图层的"不透明度"选项设为38%，按Enter键确认操作。将"阴影3"图层拖曳到"沙

发"图层的下方，效果如图10-8所示。

图10-7　　　　　图10-8

07 按Ctrl+O组合键，打开本书学习资源中的"Ch10\素材\制作家装网站首页Banner\03"文件。选择移动工具 ⊕ ，将03图像拖曳到新建的图像窗口中适当的位置，效果如图10-9所示，在"图层"控制面板中生成新的图层，将其命名为"小圆桌"。

图10-9

08 新建图层并将其命名为"阴影4"。选择椭圆选框工具 ○ ，在属性栏中将"羽化"选项设为2像素，在图像窗口中拖曳鼠标绘制选区，如图10-10所示。按Alt+Delete组合键，用前景色填充选区。按Ctrl+D组合键，取消选区。在"图层"控制面板上方，将该图层的"不透明度"选项设为29%，按Enter键确认操作，效果如图10-11所示。将"阴影4"图层拖曳到"小圆桌"图层的下方，效果如图10-12所示。

图10-10　　　图10-11　　　图10-12

09 用相同的方法添加衣架并制作阴影，效果如图

10-13所示。按Ctrl+O组合键，打开本书学习资源中的"Ch10\素材\制作家装网站首页Banner\05"文件。选择移动工具 ⊕ ，将05图像拖曳到新建的图像窗口中适当的位置，效果如图10-14所示，在"图层"控制面板中生成新的图层，将其命名为"挂画"。

图10-13　　　　　图10-14

10 单击"图层"控制面板下方的"添加图层样式"按钮 fx ，在弹出的菜单中选择"投影"命令，在弹出的对话框中进行设置，如图10-15所示，单击"确定"按钮，效果如图10-16所示。

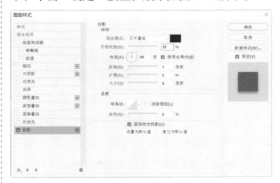

图10-15

图10-16

11 单击"图层"控制面板下方的"创建新的填充或调整图层"按钮 ● ，在弹出的菜单中选择"自然饱和度"命令，在"图层"控制面板中生成"自然饱和度 1"图层，同时弹出"自然饱和度"面板，选项的设置如图10-17所示，按Enter键确认操作，图像效果如图10-18所示。

图10-17

图10-18

12 单击"图层"控制面板下方的"创建新的填充或调整图层"按钮 ◎，在弹出的菜单中选择"照片滤镜"命令，在"图层"控制面板中生成"照片滤镜1"图层，同时弹出"照片滤镜"面板，将"滤镜"选项设为青，其他选项的设置如图10-19所示，按Enter键确认操作，图像效果如图10-20所示。

图10-19

图10-20

13 选择矩形工具 □，在属性栏的"选择工具模式"选项中选择"形状"，将"填充"选项设为无，"描边"颜色设为灰色（156、163、163），"描边宽度"选项设为2.5像素，在图像窗口中拖曳鼠标绘制矩形，效果如图10-21所示。

14 在"图层"控制面板上方，将该图层的"不透明度"选项设为60%，按Enter键确认操作，图像效果如图10-22所示。

图10-21　　　　　　　　图10-22

15 选择移动工具 ✛，按住Alt键的同时，将矩形拖曳到适当的位置，复制矩形。选择矩形工具 □，在属性栏中将"描边"颜色设为深灰色（67、67、67），"描边宽度"选项设为4像素，效果如图10-23所示。在"图层"控制面板上方，将该图层的"不透明度"选项设为70%，按Enter键确认操作，图像效果如图10-24所示。

图10-23　　　　　　　　图10-24

16 选择横排文字工具 T，在适当的位置输入需要的文字并选取文字。选择"窗口 > 字符"命令，弹出"字符"面板，在面板中将"颜色"设为灰色（75、75、75），其他选项的设置如图10-25所示，按Enter键确认操作，效果如图10-26所示。再次在适当的位置输入需要的文字并选取文字，在"字符"面板中进行设置，如图10-27所示，按Enter键确认操作，效果如图10-28所示，在"图层"控制面板中分别生成新的文字图层。

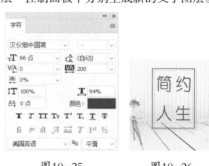

图10-25　　　　　　　　图10-26

图10-27　　　　　　　　图10-28

17 选择直排文字工具 ，在适当的位置输入需要的文字并选取文字。在"字符"面板中，将"颜色"设为灰色（75、75、75），其他选项的设置如图10-29所示，按Enter键确认操作，在"图层"控制面板中生成新的文字图层，效果如图10-30所示。

图10-29　　　　　图10-30

18 按Ctrl+O组合键，打开本书学习资源中的"Ch10\素材\制作家装网站首页Banner\06"文件。选择移动工具 ，将06图像拖曳到新建的图像窗口中适当的位置，效果如图10-31所示，在"图层"控制面板中生成新的图层，将其命名为"花瓶"。家装网站首页Banner制作完成。

图10-31

10.1.2　输入水平、竖直文字

选择横排文字工具 T，或按T键，其属性栏状态如图10-32所示。

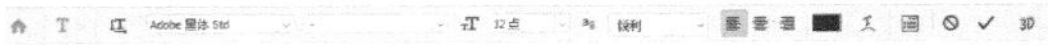

图10-32

T：用于切换文字输入的方向。Adobe 黑体 Std：用于设定文字的字体及属性。12点：用于设定文字的大小。锐利：用于消除文字的锯齿，包括无、锐利、犀利、浑厚和平滑5个选项。左对齐、居中对齐和右对齐：用于设定文字的段落格式，分别是左对齐、居中对齐和右对齐。■■：用于设置文字的颜色。工：用于对文字进行变形操作。圖：用于打开"段落"和"字符"控制面板。◎：用于取消对文字的操作。✓：用于确定对文字的操作。3D：用于从文本图层创建3D对象。

选择直排文字工具 T，可以在图像中建立竖直文本，直排文字工具属性栏和横排文字工具属性栏的功能基本相同，这里就不再赘述。

10.1.3　创建文字形状选区

横排文字蒙版工具 T：可以在图像中建立水平文本的选区，横排文字蒙版工具属性栏和横排文字工具属性栏的功能基本相同，这里就不再赘述。

直排文字蒙版工具 T：可以在图像中建立竖直文本的选区，直排文字蒙版工具属性栏和横排文字工具属性栏的功能基本相同，这里就不再赘述。

10.1.4　字符设置

"字符"控制面板用于编辑文本字符。

选择"窗口 > 字符"命令，弹出"字符"控制面板，如图10-33所示。

图10-33

Adobe 黑体 Std：单击选项右侧的 ∨ 按钮，在其下拉列表中选择字体。

12点：在选项的数值框中直接输入数值，或单击选项右侧的 ∨ 按钮，在其下拉列表中选择文字大小的数值。

⚙ (自动) ⌄ ：在选项的数值框中直接输入数值，或单击选项右侧的 ⌄ 按钮，在其下拉列表中选择需要的行距数值，可以调整文本段落的行距，效果如图10-34所示。

为自动时的文字效果 　数值为40点时的文字效果 　数值为75点时的文字效果

图10-34

V/A 0 ⌄ ：在两个字符间插入光标，在选项的数值框中输入数值，或单击选项右侧的 ⌄ 按钮，在其下拉列表中选择需要的字距数值。输入正值时，字符的间距加大，输入负值时，字符的间距缩小，效果如图10-35所示。

数值为0时的文字效果 　数值为200时的文字效果 　数值为-200时的文字效果

图10-35

V/A 0 ⌄ ：在选项的数值框中直接输入数值，或单击选项右侧的 ⌄ 按钮，在其下拉列表中选择字距数值，可以调整文本段落的字距。输入正值时，字距加大，输入负值时，字距缩小，效果如图10-36所示。

数值为0时的文字效果 　数值为75时的文字效果 　数值为-75时的文字效果

图10-36

⚙ 0% ⌄ ：在选项的下拉列表中选择百分比数值，可以对所选字符的比例间距进行细微的调整，效果如图10-37所示。

数值为0%时的文字效果 　数值为100%时的文字效果

图10-37

↕T 100% ：在选项的数值框中直接输入数值，可以调整字符的高度，效果如图10-38所示。

数值为100%时的文字效果 　数值为80%时的文字效果 　数值为120%时的文字效果

图10-38

⊥T 100% ：在选项的数值框中输入数值，可以调整字符的宽度，效果如图10-39所示。

数值为100%时的文字效果 　数值为80%时的文字效果 　数值为120%时的文字效果

图10-39

A⫯ 0点 ：选中字符，在选项的数值框中直接输入数值，可以上下移动字符。输入正值时，使水平字符上移，使直排的字符右移，输入负值时，使水平字符下移，使直排的字符左移，效果如图10-40所示。

选中字符 　数值为20点时的文字效果 　数值为-20点时的文字效果

图10-40

颜色：■■■ ：在图标上单击，弹出选择文本颜色对话框，在对话框中设置需要的颜色后，单击"确定"按钮，改变文字的颜色。

T T TT Tᵣ T¹ Tₗ T T̶ ：从左到右依次为"仿粗体"按钮 T 、"仿斜体"按钮 T 、"全部大写字母"按钮 TT 、"小型大写字母"按钮 Tᵣ 、"上标"按钮 T¹ 、"下标"按钮 Tₗ 、"下划线"按钮 T 和"删除线"按钮 T̶ 。单击需要的按钮，得到的不同效果如图10-41所示。

美国英语 ⌄ ：单击选项右侧的 ⌄ 按钮，在其下拉列表中选择需要的字典。选择字典主要用于拼写检查和连字的设定。

aa 锐利 ⌄ ：可以选择无、锐利、犀利、浑厚和平滑5种消除锯齿的方法。

正常效果	仿粗体效果	仿斜体效果
全部大写字母效果	小型大写字母效果	上标效果
下标效果	下划线效果	删除线效果

图10-41

10.1.5 输入段落文字

建立段落文字图层就是以段落文字框的方式建立文字图层。

选择横排文字工具 T.，将鼠标指针移动到图像窗口中，鼠标指针变为 形状。按住鼠标左键不放拖曳鼠标，在图像窗口中创建一个段落定界框，如图10-42所示。插入点显示在定界框的左上角，段落定界框具有自动换行的功能，如果输入的文字较多，则当文字遇到定界框时，会自动换到下一行显示，输入文字，效果如图10-43所示。

图10-42   图10-43

如果输入的文字需要分段落，可以按Enter键进行操作，还可以对定界框进行旋转、拉伸等操作。

10.1.6 段落设置

"段落"控制面板用于编辑文本段落。选择"窗口 > 段落"命令，弹出"段落"控制面板，如图10-44所示。

≡ ≡ ≡：用于调整文本段落中每行的对齐方式，包括左对齐、居中对齐、右对齐。

≡ ≡ ≡：用于调整段落的对齐方式，包括段落最后一行左对齐、段落最后一行居中对齐、段落最后一行右对齐。

≡：用于设置整个段落中的行两端对齐。

图10-44

→≡：在选项中输入数值可以设置段落左端的缩进量。

≡←：在选项中输入数值可以设置段落右端的缩进量。

→≡：在选项中输入数值可以设置段落第一行的左端缩进量。

→≡：在选项中输入数值可以设置当前段落与前一段落的距离。

→≡：在选项中输入数值可以设置当前段落与后一段落的距离。

避头尾法则设置、间距组合设置：用于设置段落的样式。

连字：用于确定文字是否与连字符链接。

10.1.7 栅格化文字

"图层"控制面板如图10-45所示。选择"文字 > 栅格化文字图层"命令，可以将文字图层转换为图像图层，如图10-46所示。也可用鼠标右键单击文字图层，在弹出的菜单中选择"栅格化文字"命令。

图10-45   图10-46

10.1.8 载入文字的选区

按住Ctrl键的同时，单击文字图层的缩览图，即可载入文字选区。

10.2 创建变形文字与路径文字

在Photoshop中可以应用创建变形文字与路径文字命令制作出多样的文字效果。

10.2.1 课堂案例——制作爱宝课堂宣传画

【案例学习目标】学习使用文字工具和创建文字变形按钮制作出需要的多种文字效果。

【练习知识要点】使用横排文字工具和创建文字变形按钮制作宣传文字，使用图层样式为文字添加特殊效果，使用椭圆工具绘制装饰图形，最终效果如图10-47所示。

【效果所在位置】Ch10\效果\制作爱宝课堂宣传画.psd。

图10-47

01 按Ctrl+O组合键，打开本书学习资源中的"Ch10\素材\制作爱宝课堂宣传画\01"文件，如图10-48所示。

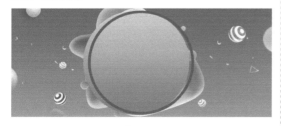

图10-48

02 选择横排文字工具 T.，在适当的位置输入需要的文字并选取文字。在属性栏中选择合适的字体并设置大小，单击"居中对齐文本"按钮 ≡，设置文字填充颜色为黄色（255、229、2），效果如图10-49所示，在"图层"控制面板中生成新的文字图层。

图10-49

03 按Ctrl+T组合键，弹出"字符"控制面板，将"设置所选字符的字距调整"选项  设置为−25，其他选项的设置如图10-50所示，按Enter键确认操作，效果如图10-51所示。

图10-50　　　　　　图10-51

04 选择横排文字工具 T.，分别选取文字"爱""宝""课"和"堂"，在属性栏中设置文字大小，效果如图10-52所示，单击属性栏中的"创建文字变形"按钮 工，在弹出的对话框中进行设置，如图10-53所示，单击"确定"按钮，效果如图10-54所示。

图10-52　　　　　　图10-53

图10-54

05 单击"图层"控制面板下方的"添加图层样式"按钮 *fx*，在弹出的菜单中选择"斜面和浮雕"命令，在弹出的对话框中进行设置，如图10-55所示。选择"描边"选项，切换到相应的对话框中，将描边颜色设为紫色（125、0、172），其他选项的设置如图10-56所示，单击"确定"按钮，效果如图10-57所示。

06 选择椭圆工具 ○，，在属性栏的"选择工具模式"选项中选择"形状"，将"填充"颜色设为紫色（125、0、172），"描边"颜色设为无，在图像窗口中绘制一个椭圆，效果如图10-58所示，在"图层"控制面板中生成新的形状图层"椭圆 1"。

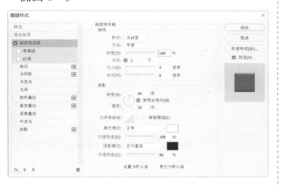

图10-55

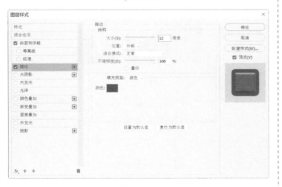

图10-56

图10-57

图10-58

07 在"图层"控制面板中，将"椭圆 1"形状图层拖曳到"爱宝课堂开课了"文字图层的下方，如图10-59所示，图像效果如图10-60所示。

图10-59　　　　　　图10-60

08 按Ctrl+O组合键，打开本书学习资源中的"Ch10\素材\制作爱宝课堂宣传画\02"文件，选择移动工具 ⊕，将图片拖曳到图像窗口中适当的位置，效果如图10-61所示，在"图层"控制面板中生成新图层，将其命名为"装饰"。爱宝课堂宣传画制作完成。

图10-61

10.2.2 变形文字

创建文字变形按钮可以对文字进行多种样式的变形，如扇形、旗帜、波浪、膨胀、扭转等。

1. 制作扭曲变形文字

打开一幅图像。选择横排文字工具 T.，在属性栏中设置文字的属性，如图10-62所示，将鼠标指针移动到图像窗口中，鼠标指针将变成 ⌶ 形状。在图像窗口中单击，此时出现一个文字的插入点，输入需要的文字，效果如图10-63所示，在"图层"控制面板中生成新的文字图层。

图10-62

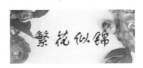

图10-63

单击属性栏中的"创建文字变形"按钮 ⼯，弹出"变形文字"对话框，如图10-64所示，其中"样式"选项中有15种文字的变形效果，如图10-65所示。

图10-64　　　　　　图10-65

应用不同的样式得到文字的多种变形效果，如图10-66所示。

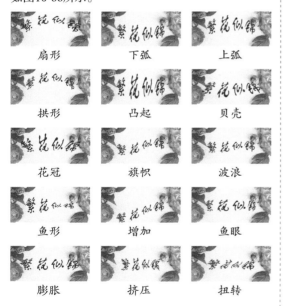

扇形	下弧	上弧
拱形	凸起	贝壳
花冠	旗帜	波浪
鱼形	增加	鱼眼
膨胀	挤压	扭转

图10-66

2. 设置变形选项

如果要修改文字的变形效果，可以调出"变形文字"对话框，在对话框中重新设置样式或更改当前应用的样式的数值。

3. 取消文字变形效果

如果要取消文字的变形效果，可以调出"变形文字"对话框，在"样式"选项的下拉列表中选择"无"。

10.2.3 路径文字

在Photoshop中可以将文字建立在路径上，并应用路径对文字进行调整。

1. 在路径上创建文字

选择钢笔工具 ⼑，在图像中绘制一条路径，如图10-67所示。选择横排文字工具 ⼯，将鼠标指针放在路径上，鼠标指针将变为 ⼯ 形状，如图10-68所示，单击路径，出现闪烁的光标，此处为输入文字的起始点。输入的文字会沿着路径排列，效果如图10-69所示。

图10-67　　　　　　图10-68

图10-69

文字输入完成后，在"路径"控制面板中会自动生成文字路径层，如图10-70所示。取消"视图 > 显示额外内容"命令的被选中状态，可以隐藏文字路径，如图10-71所示。

图10-70　　　　　　图10-71

3. 在路径上翻转文字

选择路径选择工具 ▶ ，将鼠标指针放置在文字上，鼠标指针显示为 ⅃ 形状，如图10-74所示，将文字向路径另一侧拖曳，可以沿路径翻转文字，效果如图10-75所示。

图10-74　　　　　图10-75

4. 修改排列形态

选择直接选择工具 ▶ ，在路径上单击，路径上显示出控制手柄，拖曳控制手柄修改路径的形状，如图10-76所示，文字会按照修改后的路径排列，效果如图10-77所示。

图10-76　　　　　图10-77

2. 在路径上移动文字

选择路径选择工具 ▶ ，将鼠标指针放置在文字上，鼠标指针显示为 ⅃ 形状，如图10-72所示，沿着路径拖曳鼠标，可以移动文字，效果如图10-73所示。

图10-72　　　　　图10-73

课堂练习——制作服饰类App主页Banner

【练习知识要点】使用横排文字工具输入文字，使用栅格化文字命令将文字转换为图像，使用变换命令制作文字特效，使用图层样式添加文字描边，使用钢笔工具绘制高光，使用多边形套索工具绘制装饰图形，最终效果如图10-78所示。

【效果所在位置】Ch10\效果\制作服饰类App主页Banner.psd。

图10-78

【习题知识要点】使用横排文字工具输入文字，使用创建文字变形按钮制作变形文字，使用图层蒙版和画笔工具绘制音符，最终效果如图10-79所示。

【效果所在位置】Ch10\效果\制作休闲鞋宣传海报.psd。

图10-79

第 *11* 章

通道与蒙版

本章介绍

本章主要介绍Photoshop中通道与蒙版的使用方法。通过对本章的学习，读者可以掌握通道的基本操作和运算方法，以及各种蒙版的创建和使用技巧，从而快速、准确地创作出精美的图像。

学习目标

- 掌握通道、蒙版的使用方法和通道的运算方法。
- 熟练掌握图层蒙版的使用技巧。
- 掌握剪贴蒙版和矢量蒙版的创建方法。

技能目标

- 掌握"摄影摄像教学宣传图"的制作方法。
- 掌握"专辑封面图"的制作方法。
- 掌握"手表广告"的制作方法。
- 掌握"地产宣传图标"的制作方法。

11.1 通道的操作

使用"通道"面板可以创建通道和对通道进行复制、删除、分离、合并等操作。

11.1.1 课堂案例——制作摄影摄像教学宣传图

【**案例学习目标**】学习使用"通道"面板抠出人物。

【**案例知识要点**】使用"通道"面板、"反相"命令和"色阶"命令抠出人物头发，使用矩形选框工具、定义图案命令和图案填充图层制作纹理，使用渐变叠加图层样式调整人物颜色，使用渐变工具、图层混合模式制作彩色，最终效果如图11-1所示。

【**效果所在位置**】Ch11\效果\制作摄影摄像教学宣传图.psd。

图11-1

01 按Ctrl+O组合键，打开本书学习资源中的"Ch11\素材\制作摄影摄像教学宣传图\01"文件，如图11-2所示。选择"窗口 > 通道"命令，弹出"通道"控制面板，如图11-3所示。选中"绿"通道，将其拖曳到控制面板下方的"创建新通道"按钮 ⊡ 上，复制通道，如图11-4所示，图像效果如图11-5所示。

图11-2

图11-3

图11-4

图11-5

02 按Ctrl+I组合键，使图像反相，效果如图11-6所示。选择"图像 > 调整 > 色阶"命令，在弹出的对话框中进行设置，如图11-7所示，单击"确定"按钮，效果如图11-8所示。将前景色设为黑色。选择画笔工具 ✐，在属性栏中单击"画笔预设"选项右侧的 ﹀ 按钮，弹出画笔面板，设置"大小"选项为200像素，在图像窗口中绘制背景，效果如图11-9所示。

图11-6

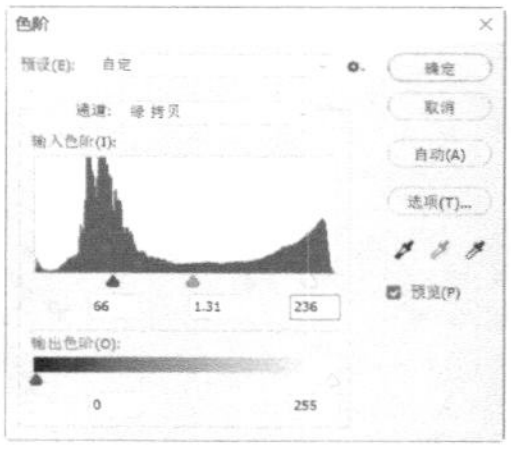

图11-7

图11-8

图11-9

03 单击"通道"面板下方的"将通道作为选区载入"按钮 ⊙，将高光区域变成选区，如图11-10所示。选中"RGB"通道，图像效果如图11-11所示。

04 按Ctrl+J组合键，将选区中的图像复制生成新图层，将其命名为"头发"，如图11-12所示。在

"图层"控制面板中单击"头发"左侧的眼睛图标 ●，将"头发"图层隐藏，如图11-13所示。单击"背景"图层，将其选中，如图11-14所示。

图11-10　　　　　　图11-11

图11-12　　　　　　图11-13

图11-14

05 选择钢笔工具 ⌀.，在属性栏的"选择工具模式"选项中选择"路径"，在图像窗口中沿着人物轮廓拖曳鼠标绘制路径，如图11-15所示。按Ctrl+Enter组合键，将路径转换为选区，效果如图11-16所示。

图11-15　　　　　　图11-16

06 按Ctrl+J组合键，复制选区中的图像，在"图层"控制面板中生成新图层，将其命名为"实体"。按住Ctrl键的同时，单击"图层"控制面板

下方的"创建新图层"按钮 ⊞，在"实体"图层的下方生成新的图层，将其命名为"白底"。将前景色设为白色。按Alt+Delete组合键，用前景色填充图层，效果如图11-17所示。在"图层"控制面板中，选中"头发"图层并将其显示，效果如图11-18所示。

图11-17　　　　　　图11-18

07 按Alt+Ctrl+E组合键，将"头发"图层中的图像盖印到下一图层中，效果如图11-19所示。按Ctrl+E组合键，向下合并图层。

08 按Ctrl+N组合键，设置宽度为0.11厘米，高度为0.11厘米，分辨率为72像素/英寸，颜色模式为RGB，背景内容为白色，单击"创建"按钮，新建一个文件。双击"背景"图层，弹出"新建图层"对话框，单击"确定"按钮，将"背景"图层转换为普通图层，如图11-20所示。

图11-19　　　　　　图11-20

09 按Ctrl+A组合键，将图像全部选中，如图11-21所示。按Delete键，删除选区中的图像，按Ctrl+D组合键，取消选区，效果如图11-22所示。

图11-21　　　　　　图11-22

10 选择矩形选框工具 ▢，按住Shift键的同时，

在适当的位置绘制正方形选区，如图11-23所示。单击属性栏中的"添加到选区"按钮 🔲，再绘制两个选区，如图11-24所示。

11 将前景色设为黑色。按Alt+Delete组合键，用前景色填充选区。按Ctrl+D组合键，取消选区，效果如图11-25所示。选择"编辑 > 定义图案"命令，在弹出的对话框中进行设置，如图11-26所示，单击"确定"按钮，定义图案。

图11-23　　　　图11-24　　　　图11-25

图11-26

12 返回"01"图像窗口中。选中"白底"图层。单击"图层"控制面板下方的"创建新的填充或调整图层"按钮 ⊙，在弹出的菜单中选择"图案"命令，在"图层"控制面板中生成"图案填充 1"图层，同时弹出"图案填充"对话框，单击左侧的图案选项，弹出图案选择面板，选择刚定义的图案。对话框中选项的设置如图11-27所示，单击"确定"按钮，效果如图11-28所示。

图11-27

图11-28

13 在"图层"控制面板上方，将该图层的"不透明度"选项设为32%，按Enter键确认操作，效果如图11-29所示。

图11-29

14 选择"窗口 > 渐变"命令，弹出"渐变"控制面板，如图11-30所示。单击"渐变"控制面板右上方的 ☰ 图标，在弹出的菜单中选择"旧版渐变"选项，控制面板如图11-31所示。

图11-30　　　　　　　　图11-31

15 选中"实体"图层，单击"图层"控制面板下方的"添加图层样式"按钮 ƒₓ，在弹出的菜单中选择"渐变叠加"命令，弹出对话框，单击"渐变"选项右侧的 按钮，弹出预设面板，选择需要的渐变预设，如图11-32所示，其他选项的设置如图11-33所示，单击"确定"按钮，完成图层样式的添加。

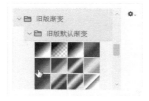

图11-32

图11-33

16 新建图层并将其命名为"彩色"。选择渐变工具 ▣，单击属性栏中的"点按可编辑渐变"按钮 ▭，弹出"渐变编辑器"对话框，在"预设"选项中选择需要的渐变预设，如图11-34

所示，单击"确定"按钮。

17 在图像窗口中从右下方向左上方拖曳出渐变色，图像效果如图11-35所示。在"图层"控制面板上方，将该图层的混合模式选项设为"颜色"，"不透明度"选项设为58%，如图11-36所示，按Enter键确认操作，图像效果如图11-37所示。

图11-34　　　　　　　图11-35

图11-36　　　　　　　图11-37

18 单击"图层"控制面板下方的"添加图层蒙版"按钮 ▣ ，为图层添加蒙版。选择画笔工具 ✎ ，在属性栏中单击"画笔预设"选项右侧的 ˅ 按钮，弹出画笔选择面板，设置如图11-38所示。在图像窗口中拖曳鼠标擦除不需要的图像，效果如图11-39所示。摄影摄像教学宣传图制作完成。

图11-38　　　　　　　图11-39

11.1.2 通道控制面板

通道控制面板可以管理所有的通道并对通道进行编辑。

选择"窗口 > 通道"命令，弹出"通道"控制面板，如图11-40所示。在控制面板中，放置区用于存放当前图像中存在的所有通道。在通道放置区中，如果选中的只是其中的一个通道，则只有这个通道处于选中状态，通道上将出现一个蓝色条。如果想选中多个通道，可以按住Shift键，再单击其他通道。通道左侧的眼睛图标 👁 用于显示或隐藏颜色通道。

"通道"控制面板的底部有4个工具按钮，如图11-41所示。

图11-40　　　　　　　图11-41

▢ ：用于将通道作为选择区域调出。 ▣ ：用于将选择区域存入通道中。 ⊞ ：用于创建或复制新的通道。 🗑 ：用于删除图像中的通道。

11.1.3 创建新通道

在编辑图像的过程中，可以建立新的通道。

单击"通道"控制面板右上方的 ≡ 图标，弹出面板菜单，选择"新建通道"命令，弹出"新建通道"对话框，如图11-42所示。

名称：用于设置当前通道的名称。色彩指示：用于选择两种区域方式。颜色：用于设置新通道的颜色。不透明度：用于设置当前通道的不透明度。

单击"确定"按钮，"通道"控制面板中将生成一个新通道，即"Alpha 1"，面板如图11-43所示。

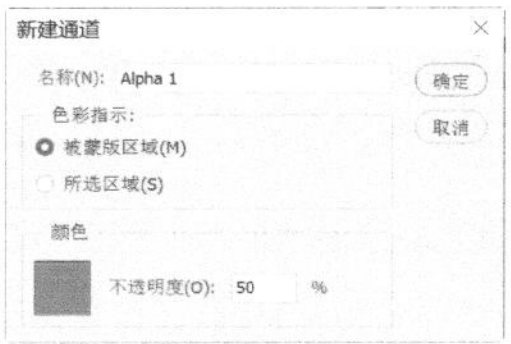

图11-42

图11-43

单击“通道”控制面板下方的“创建新通道”按钮 ⊞ ，也可以创建一个新通道。

11.1.4 复制通道

复制通道命令用于将现有的通道复制，产生相同属性的多个通道。

单击“通道”控制面板右上方的 ≡ 图标，弹出其面板菜单，选择“复制通道”命令，弹出“复制通道”对话框，如图11-44所示。

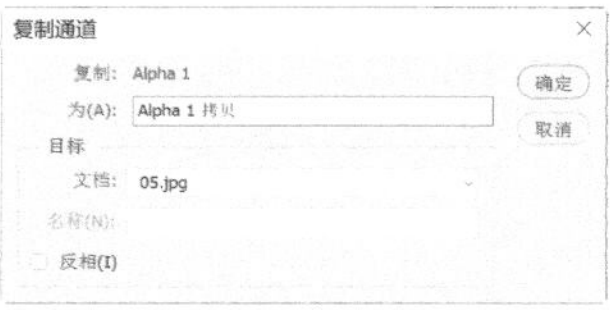

图11-44

为：用于设置复制出的新通道的名称。文档：用于设置复制通道的文件来源。

将需要复制的通道拖曳到控制面板下方的“创建新通道”按钮 ⊞ 上，即可将所选的通道复制，得到一个新的通道。

11.1.5 删除通道

单击“通道”控制面板右上方的 ≡ 图标，弹出其面板菜单，选择“删除通道”命令，即可将通道删除。

单击“通道”控制面板下方的“删除当前通道”按钮 🗑 ，弹出提示对话框，如图11-45所示，单击“是”按钮，将通道删除。也可将需要删除的通道直接拖曳到“删除当前通道”按钮 🗑 上进行删除。

图11-45

11.1.6 通道选项

单击“通道”控制面板右上方的 ≡ 图标，弹出其面板菜单，在弹出的菜单中选择“通道选项”命令，弹出“通道选项”对话框，如图11-46所示。

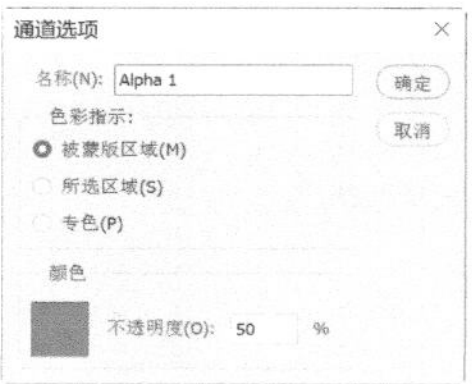

图11-46

名称：用于设置通道名称。被蒙版区域：表示蒙版区为深色显示，非蒙版区为透明显示。所选区域：表示蒙版区为透明显示，非蒙版区为深色显示。专色：表示以专色显示。颜色：用于设定填充蒙版的颜色。不透明度：用于设定蒙版的不透明度。

11.1.7 课堂案例——制作专辑封面图

【案例学习目标】学习使用分离通道和合并通道命令制作封面图。

【案例知识要点】使用分离通道和合并通道命令制作封面图，使用色相/饱和度命令调整图片颜色，最终效果如图11-47所示。

【效果所在位置】Ch11\效果\制作专辑封面图.psd。

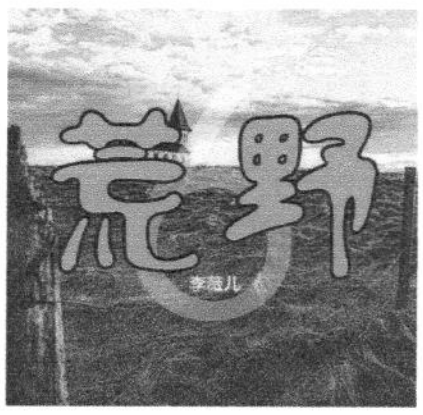

图11-47

01 按Ctrl＋O组合键，打开本书学习资源中的“Ch11\素材\制作专辑封面图\01”文件，如图

11-48所示。选择"窗口 > 通道"命令，弹出"通道"面板，如图11-49所示。

图11-48　　　　　　　图11-49

02 单击右上方的 ≡ 图标，弹出其面板菜单，选择"分离通道"命令，分离通道，如图11-50所示。选择"红"通道，图像效果如图11-51所示。

图11-50　　　　　　　图11-51

03 选择"滤镜 > 滤镜库"命令，在弹出的对话框中进行设置，如图11-52所示，单击"确定"按钮，效果如图11-53所示。

图11-52

图11-53

04 单击右上方的 ≡ 图标，弹出其面板菜单，选择"合并通道"命令，弹出"合并通道"对话框，设置如图11-54所示。单击"确定"按钮，弹出"合并RGB通道"对话框，如图11-55所示，单击"确定"按钮，效果如图11-56所示。

图11-54　　　　　　　图11-55

图11-56

05 单击"图层"控制面板下方的"创建新的填充或调整图层"按钮 ●.，在弹出的菜单中选择"色相/饱和度"命令，在"图层"控制面板中生成"色相/饱和度 1"图层，同时弹出面板，选项的设置如图11-57所示，按Enter键确认操作，效果如图11-58所示。

图11-57　　　　　　　图11-58

06 按Ctrl＋O组合键，打开本书学习资源中的"Ch11\素材\制作专辑封面图\02"文件，选择移动工具 ＋.，将图片拖曳到图像窗口中适当的位置，调整大小及位置，效果如图11-59所示，在"图层"控制面板中生成新图层，将其命名为

"文字"。专辑封面图制作完成。

图11-59

11.1.8 专色通道

专色通道是指在CMYK 4色以外单独制作的一个通道，用来放置金色、银色或者具有一些特别要求的专色。

1. 新建专色通道

单击"通道"控制面板右上方的≡图标，弹出其面板菜单。在弹出的菜单中选择"新建专色通道"命令，弹出"新建专色通道"对话框，如图11-60所示。

图11-60

名称：用于输入新通道的名称。颜色：用于选择特别的颜色。密度：用于输入特别色的显示透明度，数值范围为0%~100%。

2. 绘制专色

单击"通道"控制面板中新建的专色通道。选择画笔工具 ✐，在"画笔"工具属性栏中进行设置，如图11-61所示，在图像中进行绘制，效果如图11-62所示，"通道"控制面板如图11-63所示。

图11-61

图11-62

图11-63

提示

前景色为黑色，绘制的专色是完全的。前景色是其他中间色，绘制的专色是不同透明度的特别色。前景色为白色，绘制的专色是透明的。

3. 将新通道转换为专色通道

单击"通道"控制面板中的"Alpha 1"通道，如图11-64所示。单击"通道"控制面板右上方的≡图标，弹出其面板菜单。在弹出的菜单中选择"通道选项"命令，弹出"通道选项"对话框，选中"专色"单选项，其他选项的设置如图11-65所示。单击"确定"按钮，将"Alpha 1"通道转换为专色通道，如图11-66所示。

图11-64

图11-65

图11-66

4. 合并专色通道

单击"通道"控制面板中新建的专色通道，如图11-67所示。单击"通道"控制面板右上方的 ≡ 图标，弹出其面板菜单，在弹出的菜单中选择"合并专色通道"命令，将专色通道合并，如图11-68所示。

为每个通道指定一幅灰度图像，被指定的图像可以是同一幅图像，也可以是不同的图像，但这些图像的大小必须是相同的。在合并之前，所有要合并的图像都必须是打开的，尺寸要保持一致，且为灰度图像，单击"确定"按钮，效果如图11-73所示。

图11-67　　　　　　　　图11-68

11.1.9 分离与合并通道

单击"通道"控制面板右上方的 ≡ 图标，弹出其面板菜单，在弹出的菜单中选择"分离通道"命令，将图像中的每个通道分离成各自独立的8 bit灰度图像。图像原始效果如图11-69所示，分离后的效果如图11-70所示。

单击"通道"控制面板右上方的 ≡ 图标，弹出其面板菜单，选择"合并通道"命令，弹出"合并通道"对话框，如图11-71所示。设置完成后单击"确定"按钮，弹出"合并RGB通道"对话框，如图11-72所示，可以在选定的色彩模式中

图11-69　　　　　　　　图11-70

图11-71

图11-72　　　　　　　　图11-73

11.2 通道运算

通道运算可以按照各种合成方式合成单个或几个通道中的图像，要进行通道运算的图像尺寸必须一致。

11.2.1 应用图像

选择"图像 > 应用图像"命令，弹出"应用图像"对话框，如图11-74所示。

源：用于选择源文件。图层：用于选择源文件的图层。通道：用于选择源通道。反相：用

于在处理前先反转通道内的内容。目标：能显示出目标文件的名称、图层、通道及色彩模式等信息。混合：用于选择混合模式，即选择两个通道对应像素的计算方法。不透明度：用于设定图像的不透明度。蒙版：用于加入蒙版以限定选区。

图11-74

如图11-82所示。

图11-79

图11-80

图11-81

图11-82

提示

"应用图像"命令要求源文件与目标文件的尺寸必须相同,因为参加计算的两个通道内的像素是一一对应的。

打开两幅图像,如图11-75和图11-76所示。在两幅图像的"通道"控制面板中分别建立通道蒙版,其中黑色表示遮住的区域。选中两张图像的RGB通道,如图11-77和图11-78所示。

图11-75

图11-76

图11-77

图11-78

选择"02"文件。选择"图像 > 应用图像"命令,弹出"应用图像"对话框,设置如图11-79所示。单击"确定"按钮,两幅图像混合后的效果如图11-80所示。

在"应用图像"对话框中,勾选"蒙版"复选框,显示其他选项,如图11-81所示。设置好后,单击"确定"按钮,两幅图像混合后的效果

11.2.2 计算

选择"图像 > 计算"命令,弹出"计算"对话框,如图11-83所示。

图11-83

第1个选项组的"源1"选项用于选择源文件1,"图层"选项用于选择源文件1中的图层,"通道"选项用于选择源文件1中的通道,"反相"选项用于反转。第2个选项组的"源2""图层""通道"和"反相"选项用于选择源文件2、源文件2的图层和通道及反转。第3个选项组的"混合"选项用于选择混合模式,"不透明度"选项用于设定不透明度。"结果"选项用于指定处理结果的存放位置。

选择"图像 > 计算"命令,弹出"计算"对话框,设置如图11-84所示,单击"确定"按钮,两张图像通道运算后的新通道效果如图11-85所示。

图11-84　　　　　　　　　　图11-85

提示

"计算"命令虽然与"应用图像"命令一样，都是对两个通道的相应内容进行计算处理，但是二者也有区别。用"应用图像"命令处理后的结果可作为源文件或目标文件使用；而用"计算"命令处理后的结果则存成一个通道，如存成Alpha通道，使其可转变为选区以供其他工具使用。

11.3　通道蒙版

在通道中可以快速地创建和存储蒙版，从而达到编辑图像的目的。

11.3.1　快速蒙版的制作

打开一张图片，如图11-86所示。选择快速选择工具 ，在帽子上拖曳鼠标生成选区，如图11-87所示。

图11-86　　　　　图11-87

单击工具箱下方的"以快速蒙版模式编辑"按钮 ，进入蒙版状态，选区暂时消失，图像的未被选择区域变为红色，如图11-88所示。"通道"控制面板中将自动生成快速蒙版，如图11-89所示，图像效果如图11-90所示。

图11-88　　　　图11-89　　　　图11-90

提示

系统预设蒙版颜色为半透明的红色。

选择画笔工具 ，在画笔工具属性栏中进行设置，如图11-91所示。将快速蒙版中商标的矩形区域绘制成白色，图像效果和"通道"控制面板如图11-92和图11-93所示。

图11-91

图11-92　　　　　图11-93

图11-94　　　　　　　图11-95

11.3.2　在Alpha通道中存储蒙版

在图像中绘制选区，如图11-94所示。选择"选择 > 存储选区"命令，弹出"存储选区"对话框，设置如图11-95所示，单击"确定"按钮，或单击"通道"控制面板中的"将选区存储为通道"按钮 ▢ ，建立通道蒙版"帽子"，如图11-96和图11-97所示。

图11-96　　　　　图11-97

将图像保存，再次打开图像时，选择"选择 > 载入选区"命令，弹出"载入选区"对话框，设置如图11-98所示，单击"确定"按钮，或单击"通道"控制面板中的"将通道作为选区载入"按钮 ○ ，将"帽子"通道作为选区载入，效果如图11-99所示。

图11-98　　　　　图11-99

11.4 ▶ 图层蒙版

图层蒙版可以使图层中图像的某些部分被处理成透明和半透明的效果，而且可以恢复已经处理过的图像，是Photoshop的一种独特的图像处理方式。

11.4.1　课堂案例——制作手表广告

【案例学习目标】学习使用混合模式和图层蒙版制作广告图。

【案例知识要点】使用图层的混合模式制作图片融合效果，使用自由变换命令和图层蒙版制作倒影，最终效果如图11-100所示。

【效果所在位置】Ch11\效果\制作手表广告.psd。

图11-100

[01] 按Ctrl＋O组合键，打开本书学习资源中的"Ch11\素材\制作手表广告\01"文件，如图11-101所示。

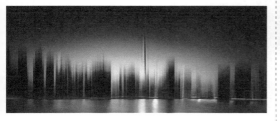

图11-101

[02] 新建图层并将其命名为"黑色矩形"。将前景色设为黑色。按Alt+Delete组合键，用前景色填充图层。单击"图层"控制面板下方的添加图层蒙版按钮 ▢ ，为图层添加蒙版，如图11-102所示。

图11-102

[03] 选择渐变工具 ▣ ，单击属性栏中的"点按可编辑渐变"按钮 ，弹出"渐变编辑器"对话框，选择"黑，白渐变"，如图11-103所示，单击"确定"按钮。在图像窗口中从下向上拖曳出渐变色，效果如图11-104所示。

图11-103

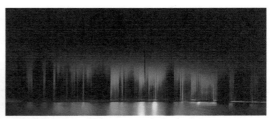

图11-104

[04] 按Ctrl＋O组合键，打开本书学习资源中的"Ch11\素材\制作手表广告\02"文件。选择移动工具 ⊕ ，将02图像拖曳到01图像窗口中适当的位置并调整大小，效果如图11-105所示，在"图层"控制面板中生成新图层，将其命名为"银表"。

图11-105

[05] 按Ctrl+J组合键，复制图层，生成新的图层"银表 拷贝"，将新图层拖曳到"银表"图层的下方。在控制面板上方，将该图层的"不透明度"选项设为30%，如图11-106所示，按Enter键确认操作。

图11-106

[06] 按Ctrl+T组合键，图像周围出现变换框，单击鼠标右键，在弹出的菜单中选择"垂直翻转"命令，竖直翻转图像，并将其拖曳到适当的位置，按Enter键确认操作，效果如图11-107所示。单击

"图层"控制面板下方的"添加图层蒙版"按钮 ■，为图层添加蒙版。选择渐变工具 ■，在图像窗口中由下至上拖曳出渐变色，效果如图11-108所示。

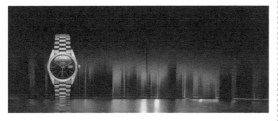

图11-107

图11-108

07 用上述方法添加03图像并制作出倒影效果，如图11-109所示。按Ctrl+O组合键，打开本书学习资源中的"Ch11\素材\制作手表广告\04"文件，选择移动工具 ⊕，将图片拖曳到图像窗口中适当的位置，效果如图11-110所示，在"图层"控制面板中生成新图层，将其命名为"文字"。手表广告制作完成。

图11-109

图11-110

11.4.2 添加图层蒙版

单击"图层"控制面板下方的"添加图层蒙版"按钮 ■，可以创建图层蒙版，如图11-111所示。按住Alt键的同时，单击"图层"控制面板下方的"添加图层蒙版"按钮 ■，可以创建一个遮盖全部图层的蒙版，如图11-112所示。

选择"图层 > 图层蒙版 > 显示全部"命令，可以显示全部图像。选择"图层 > 图层蒙版 > 隐藏全部"命令，可以隐藏全部图像。

图11-111   图11-112

11.4.3 隐藏图层蒙版

按住Alt键的同时，单击图层蒙版缩览图，图像窗口中的图像将被隐藏，只显示蒙版缩览图中的效果，如图11-113所示，"图层"控制面板如图11-114所示。按住Alt键的同时，再次单击图层蒙版缩览图，将恢复图像窗口中的图像效果。按住Alt+Shift组合键的同时，单击图层蒙版缩览图，将同时显示图像和图层蒙版的内容。

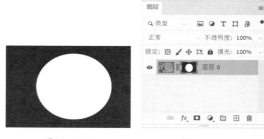

图11-113   图11-114

11.4.4 图层蒙版的链接

在"图层"控制面板中，图层缩览图与图层

蒙版缩览图之间存在链接图标 🔗，当图层图像与蒙版关联时，移动图像时蒙版会同步移动。单击链接图标 🔗，将不显示此图标，可以分别对图像与蒙版进行操作。

11.4.5 停用及删除图层蒙版

在"通道"控制面板中，双击蒙版通道，弹出"图层蒙版显示选项"对话框，如图11-115所示，可以对蒙版的颜色和不透明度进行设置。

图11-115

选择"图层 > 图层蒙版 > 停用"命令，或按住Shift键的同时，单击"图层"控制面板中的图层蒙版缩览图，图层蒙版被停用，如图11-116所示，图像将全部显示，如图11-117所示。按住Shift键的同时，再次单击图层蒙版缩览图，将恢复图层蒙版效果，如图11-118所示。

图11-116

图11-117

图11-118

选择"图层 > 图层蒙版 > 删除"命令，或在图层蒙版缩览图上单击鼠标右键，在弹出的下拉菜单中选择"删除图层蒙版"命令，可以将图层蒙版删除。

11.5 剪贴蒙版与矢量蒙版

剪贴蒙版是使用某个图层的内容来遮盖其上方的图层，遮盖效果由基底图层决定。矢量蒙版是用矢量图形创建的蒙版。它们不仅丰富了蒙版的类型，同时也为设计工作带来了便利。

11.5.1 课堂案例——制作地产宣传图标

【案例学习目标】学习使用矢量蒙版制作地产宣传图标。

【案例知识要点】使用矢量蒙版命令为图层添加矢量蒙版，效果如图11-119所示。

【效果所在位置】Ch11\效果\制作地产宣传图标.psd。

01 按Ctrl+N组合键，设置宽度为200像素，高度为200像素，分辨率为72像素/英寸，颜色模式为RGB，背景内容设为白色，单击"创建"按钮，新建文档。

图11-119

02 按Ctrl+O组合键，打开本书学习资源中的"Ch11\素材\制作地产宣传图标\01、02"文件。

选择移动工具 ⊕ ，分别将01和02图像拖曳到新建的图像窗口中适当的位置，效果如图11-120所示，在"图层"控制面板中生成新的图层，将其命名为"图标"和"图片"，如图11-121所示。

图11-120　　　　　　图11-121

03 按住Ctrl键的同时，单击"图标"图层的缩览图，图像周围生成选区。单击图层左侧的 ◉ 图标，隐藏该图层，如图11-122所示，效果如图11-123所示。

图11-122　　　　　　图11-123

04 选择"窗口 > 路径"命令，弹出"路径"控制面板，单击"从选区生成工作路径"按钮 ◇ ，将选区转换为路径，效果如图11-124所示。

图11-124

05 选中"图片"图层。选择"图层 > 矢量蒙版 > 当前路径"命令，创建矢量蒙版，效果如图11-125所示。地产宣传图标制作完成。

图11-125

11.5.2 剪贴蒙版

打开一幅图像，如图11-126所示，"图层"控制面板如图11-127所示。按住Alt键的同时，将鼠标指针放置到"图层 2"和"图层 1"的中间位置，鼠标指针变为 ↓ ▢ 形状，如图11-128所示。

图11-126

图11-127

图11-128

单击鼠标左键,创建剪贴蒙版,如图11-129所示,图像效果如图11-130所示。选择移动工具⊕,移动蒙版图像,效果如图11-131所示。

选中剪贴蒙版组中上方的图层,选择"图层 > 释放剪贴蒙版"命令,或按Alt+Ctrl+G组合键,即可删除剪贴蒙版。

图11-129

图11-130　　　　图11-131

11.5.3 矢量蒙版

打开一幅图像,如图11-132所示。选择多边形工具○,在属性栏的"选择工具模式"选项中选择"路径",单击⚙按钮,在弹出的面板中进行设置,如图11-133所示。

在图像窗口中绘制路径,如图11-134所示。选中"图片"图层。选择"图层 > 矢量蒙版 > 当前路径"命令,为图片添加矢量蒙版,如图11-135所示,图像效果如图11-136所示。选择直接选择工具▷,可以修改路径的形状,从而修改蒙版的遮罩区域,如图11-137所示。

图11-132　　　　图11-133

图11-134　　　　图11-135

 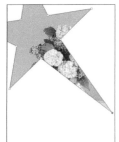

图11-136　　　　图11-137

【练习知识要点】使用计算和应用图像命令调整图像色调，最终效果如图11-138所示。

【效果所在位置】Ch11\效果\制作休闲生活宣传图.psd。

图11-138

课后习题——制作活力青春照片模板

【习题知识要点】使用分离通道和合并通道命令处理图片，使用色阶和曝光度命令调整各通道颜色，使用彩色半调命令为通道添加滤镜效果，最终效果如图11-139所示。

【效果所在位置】Ch11\效果\制作活力青春照片模板.psd。

图11-139

第*12*章

滤镜效果

本章介绍

本章主要介绍Photoshop中的滤镜，包括滤镜的分类、滤镜的使用技巧。通过对本章的学习，读者可以学会应用丰富的滤镜命令制作出特殊多变的图像效果。

学习目标

- 掌握滤镜菜单及应用方法。
- 熟练掌握滤镜的使用技巧。

技能目标

- 掌握"汽车销售类公众号封面首图"的制作方法。
- 掌握"极限运动特效图"的制作方法。
- 掌握"美妆宣传画"的制作方法。

12.1 滤镜菜单及应用

Photoshop的滤镜菜单下提供了多个滤镜命令，选择这些滤镜命令，可以制作出奇妙的图像效果。单击"滤镜"菜单，弹出如图12-1所示的菜单。

Photoshop滤镜菜单被分为5部分，并用横线划分。

第1部分为最近一次使用的滤镜，没有使用滤镜时，此命令为灰色，不可选择。使用任意一种滤镜后，当需要重复使用这种滤镜时，只要直接选择这个命令或按Alt+Ctrl+F组合键，即可重复使用。

第2部分为转换为智能滤镜，应用智能滤镜后，可随时对效果进行修改操作。

第3部分为滤镜库和5种Photoshop滤镜，每个滤镜的功能都十分强大。

第4部分为11个Photoshop滤镜组，每个滤镜组中都包含多个滤镜。

第5部分为浏览联机滤镜。

图12-1

12.1.1 课堂案例——制作汽车销售类公众号封面首图

【案例学习目标】 学习使用纹理滤镜和艺术效果滤镜制作宣传广告。

【案例知识要点】 使用滤镜库中的艺术效果和纹理滤镜制作图片特效，使用移动工具添加宣传文字，最终效果如图12-2所示。

【效果所在位置】 Ch12\效果\制作汽车销售类公众号封面首图.psd。

图12-2

01 按Ctrl＋N组合键，设置宽度为1 175像素，高度为500像素，分辨率为72像素/英寸，颜色模式为RGB，背景内容为白色，单击"创建"按钮，完成文档的创建。

02 按Ctrl+O组合键，打开本书学习资源中的"Ch12\素材\制作汽车销售类公众号封面首图\01"文件，选择移动工具 ✛，将01图片拖曳到新建的图像窗口中，并调整其位置和大小，效果如图12-3所示，在"图层"控制面板中生成新图层，将其命名为"图片"。

图12-3

03 选择"滤镜 > 滤镜库"命令，在弹出的对话框中进行设置，如图12-4所示，单击对话框右下方的"新建效果图层"按钮 ⊞，生成新的效果图层，如图12-5所示。

04 在对话框中选择"纹理 > 纹理化"滤镜，切换到相应的对话框，选项的设置如图12-6所示，单击"确定"按钮，效果如图12-7所示。

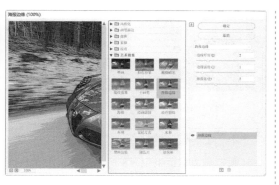

图12-4

图12-5

图12-6

图12-7

05 按Ctrl+O组合键，打开本书学习资源中的"Ch12\素材\制作汽车销售类公众号封面首图\02"

文件，如图12-8所示。选择移动工具 ，将图片拖曳到图像窗口中适当的位置，效果如图12-9所示，在"图层"控制面板中生成新图层，将其命名为"文字"。汽车销售类公众号封面首图制作完成。

图12-8　　　　　图12-9

12.1.2 智能滤镜

在应用常用滤镜后就不能改变滤镜参数的数值。智能滤镜是针对智能对象使用的可以调节滤镜效果的一种应用模式。

选中要应用滤镜的图层，如图12-10所示。选择"滤镜 > 转换为智能滤镜"命令，弹出提示对话框，单击"确定"按钮，将普通图层转换为智能对象图层，"图层"控制面板如图12-11所示。

图12-10　　　　　图12-11

选择"滤镜 > 扭曲 > 波纹"命令，为图像添加波纹效果，此图层的下方显示出滤镜名称，如图12-12所示。

双击"图层"控制面板中要修改参数的滤镜名称，在弹出的相应对话框中重新设置参数即可。单击滤镜名称右侧的"双击以编辑滤镜混合选项"图标 ，弹出"混合选项"对话框，在对话框中可以设置滤镜效果的混合模式和不透明度，如图12-13所示。

图12-12　　　　　　　　图12-13

图12-16　　　　　　　　图12-17

12.1.3　滤镜库的功能

Photoshop的滤镜库将常用滤镜组组合在一个面板中，以折叠菜单的方式显示，并为每一个滤镜提供了直观的效果预览，使用十分方便。

选择"滤镜 > 滤镜库"命令，弹出"滤镜库"对话框，如图12-14所示。

2.　画笔描边滤镜组

画笔描边滤镜组包含8个滤镜，如图12-18所示。此滤镜组的滤镜对CMYK和Lab颜色模式的图像都不起作用。原图和应用不同的滤镜制作出的效果如图12-19所示。

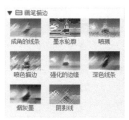

图12-18

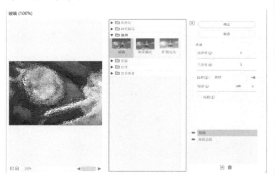

图12-14

在对话框中，左侧为滤镜预览框，可以显示应用滤镜后的效果；中部为滤镜列表，每个滤镜组下面包含了多个特色滤镜，单击需要的滤镜组，可以浏览滤镜组中的各个滤镜和相应的滤镜效果；右侧为滤镜参数设置栏，可以设置所用滤镜的各个参数值。

原图　　　　成角的线条　　　墨水轮廓

喷溅　　　　喷色描边　　　强化的边缘

深色线条　　　烟灰墨　　　　阴影线

图12-19

1.　风格化滤镜组

风格化滤镜组只包含一个照亮边缘滤镜，如图12-15所示。此滤镜可以搜索主要颜色的变化区域并强化其过渡像素产生轮廓发光的效果，应用滤镜前后的效果如图12-16和图12-17所示。

图12-15

3.　扭曲滤镜组

扭曲滤镜组包含3个滤镜，如图12-20所示。此滤镜组的滤镜可以生成一组从波纹到扭曲图像的变形效果。原图和应用不同的滤镜制作出的效果如图12-21所示。

图12-20

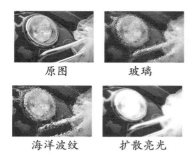

原图　　　　玻璃

海洋波纹　　扩散亮光

图12-21

4. 素描滤镜组

素描滤镜组包含14个滤镜，如图12-22所示。此滤镜组的滤镜只对RGB或灰度模式的图像起作用，可以制作出多种绘画效果。原图和应用不同的滤镜制作出的效果如图12-23所示。

图12-22

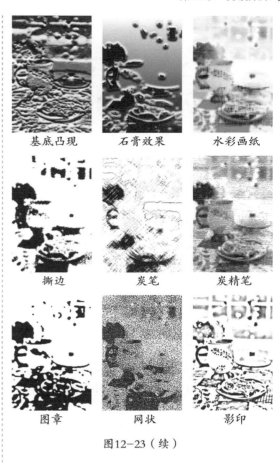

基底凸现　　　石膏效果　　　水彩画纸

撕边　　　　炭笔　　　　炭精笔

图章　　　　网状　　　　影印

图12-23（续）

5. 纹理滤镜组

纹理滤镜组包含6个滤镜，如图12-24所示。此滤镜组的滤镜可以使图像产生纹理效果。原图和应用不同的滤镜制作出的效果如图12-25所示。

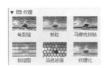

图12-24

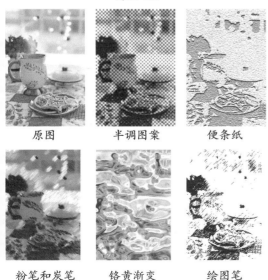

原图　　　　半调图案　　　便条纸

粉笔和炭笔　　铬黄渐变　　　绘图笔

图12-23

原图　　　　龟裂缝　　　　颗粒

图12-25

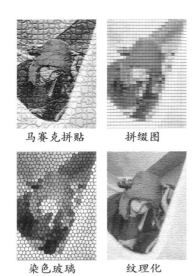

马赛克拼贴　　　　　拼缀图

染色玻璃　　　　　纹理化

图12-25（续）

6. 艺术效果滤镜组

艺术效果滤镜组包含15个滤镜，如图12-26所示。此滤镜组的滤镜在RGB颜色模式和多通道颜色模式下才可用。原图和应用不同的滤镜制作出的效果如图12-27所示。

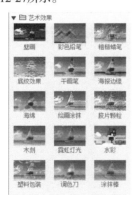

图12-26

原图　　　　　壁画　　　　　彩色铅笔

图12-27

粗糙蜡笔　　　　底纹效果　　　　干画笔

海报边缘　　　　海绵　　　　绘画涂抹

胶片颗粒　　　　木刻　　　　霓虹灯光

水彩　　　　　　塑料包装

调色刀　　　　　涂抹棒

图12-27（续）

7. 滤镜叠加

在"滤镜库"对话框中可以创建多个效果图层，每个图层可以应用不同的滤镜，从而使图像产生多个滤镜叠加后的效果。

为图像添加"强化的边缘"滤镜，如图12-28所示，单击"新建效果图层"按钮⊞，生成新的效果图层，如图12-29所示。为图像添加"海报边缘"滤镜，叠加后的效果如图12-30所示。

图12-28

图12-31

图12-32

在对话框左侧的图片上需要调整的位置拖曳出一条直线，如图12-33所示。再将左侧第2个节点拖曳到适当的位置，旋转绘制的直线，如图12-34所示，单击"确定"按钮，照片调整后的效果如图12-35所示。

强化的边缘
强化的边缘

图12-29

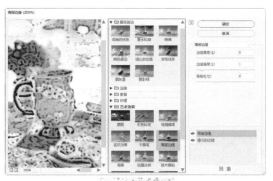

图12-33

图12-30

12.1.4 自适应广角

自适应广角滤镜可以对具有广角、超广角及鱼眼效果的图片进行校正。

打开一张图片，如图12-31所示。选择"滤镜 > 自适应广角"命令，弹出对话框，如图12-32所示。

图12-34

用相同的方法也可以调整上方的部分，效果如图12-36所示。

图12-35　　　　　图12-36

12.1.5　Camera Raw滤镜

Camera Raw滤镜是Photoshop专门用于相机照片处理的滤镜，可以对图像的基本参数、色调曲线、细节、HSL/灰度、分离色调、镜头校正等进行调整。

打开一张图片，如图12-37所示。选择"滤镜 > Camera Raw滤镜"命令，弹出对话框，如图12-38所示。

图12-37

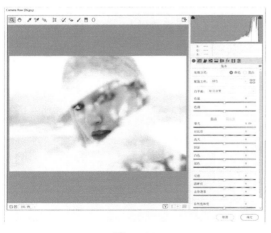

图12-38

对话框左侧的上方是编辑照片的工具，中间为照片预览框，下方为窗口缩放级别和视图显示方式。右侧上方为直方图和拍摄信息，下方为9个照片编辑选项卡。

基本选项卡：可以对照片的白平衡、曝光、对比度、高光、阴影、清晰度和饱和度进行调整。

色调曲线选项卡：可以对照片的高光、亮调、暗调和阴影进行微调。

细节选项卡：可以对照片进行锐化、减少杂色处理。

HSL调整选项卡：可以对照片的色相、饱和度和明亮度进行调整。

分离色调选项卡：可以为照片创建特效，也可以为单色图像着色。

镜头校正选项卡：可以校正镜头，消除相机镜头造成的扭曲、色差和晕影。

效果选项卡：可以为照片添加颗粒和晕影来制作特效。

校准选项卡：可以自动对某类照片进行校正。

预设选项卡：可以存储调整的预设以应用到其他照片中。

在对话框中进行设置，如图12-39所示，单击"确定"按钮，效果如图12-40所示。

图12-39

图12-40

12.1.6 镜头校正

镜头校正滤镜可以消除常见的镜头瑕疵，如桶形失真、枕形失真、晕影和色差等，也可以使用该滤镜来旋转图像，或消除由于相机在竖直或水平方向上倾斜而导致的图像透视错误现象。

打开一张图片，如图12-41所示。选择"滤镜 > 镜头校正"命令，弹出对话框，如图12-42所示。

图12-41

图12-42

单击"自定"选项卡，设置如图12-43所示，单击"确定"按钮，效果如图12-44所示。

图12-43

图12-44

12.1.7 液化滤镜

液化滤镜命令可以制作出各种类似液化的图像变形效果。

打开一张图片，如图12-45所示。选择"滤镜 > 液化"命令，或按Shift+Ctrl+X键，弹出"液化"对话框，如图12-46所示。

图12-45

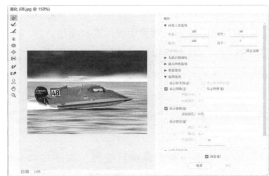

图12-46

左侧的工具箱由上到下分别为向前变形工具 、重建工具 、平滑工具 ，顺时针旋转扭曲工具 、褶皱工具 、膨胀工具 、左推工具 、冻结蒙版工具 、解冻蒙版工具 、脸部工具 、抓手工具 和缩放工具 。

画笔工具选项组："大小"选项用于设定所选工具的笔触大小；"密度"选项用于设定画笔的浓密度；"压力"选项用于设定画笔的压力，压力越小，变形的过程越慢；"速率"选项用于设定画笔的绘制速度；"光笔压力"选项用于设定压感笔的压力。

人脸识别液化选项组："眼睛"选项组用于设定眼睛的大小、高度、宽度、斜度和距离；"鼻子"选项组用于设定鼻子的高度和宽度；"嘴唇"选项组用于设定微笑、上嘴唇、下嘴唇、嘴唇的宽度和高度；"脸部"选项组用于设定脸部的前额、下巴、下颌和脸部宽度。

载入网格选项组：用于载入、使用和存储网格。

蒙版选项组：用于选择通道蒙版的形式。选择"无"按钮，可以不制作蒙版；选择"全部蒙住"按钮，可以为全部的区域制作蒙版；选择"全部反相"按钮，可以解冻蒙版区域并冻结剩余的区域。

视图选项组：勾选"显示图像"复选框可以显示图像；勾选"显示网格"复选框可以显示网格，"网格大小"选项用于设置网格的大小，"网格颜色"选项用于设置网格的颜色；勾选"显示蒙版"复选框，可以显示蒙版，"蒙版颜色"选项用于设置蒙版的颜色；勾选"显示背景"复选框，在"使用"选项的下拉列表中可以选择图层，在"模式"选项的下拉列表中可以选择不同的模式，"不透明度"选项可以设置不透明度。

画笔重建选项组："重建"按钮用于对变形的图像进行重置；"恢复全部"按钮用于将图像恢复到打开时的状态。

在对话框中对图像进行变形，如图12-47所示，单击"确定"按钮，效果如图12-48所示。

图12-47

图12-48

12.1.8 消失点滤镜

消失点滤镜可以制作建筑物或任何矩形对象的透视效果。

打开一张图片，绘制选区，如图12-49所示。按Ctrl＋C组合键，复制选区中的图像，取消选区。选择"滤镜 > 消失点"命令，弹出对话框，在对话框的左侧选择创建平面工具，在图像窗口中单击定义4个角的节点，如图12-50所示，节点之间会自动连接，形成透视平面，如图12-51所示。

图12-49

图12-50

图12-51

按Ctrl＋V组合键，将刚才复制的图像粘贴到对话框中，如图12-52所示。将粘贴的图像拖曳到透视平面中，如图12-53所示。按住Alt键的同时，复制并向上拖曳建筑物，如图12-54所示。用相同的方法，再复制2次建筑物，如图12-55所示，单击"确定"按钮，建筑物的透视变形效果如图12-56所示。

图12-52

图12-53

图12-54

图12-55

图12-56

在"消失点"对话框中，透视平面显示为蓝色时为有效的平面；显示为红色时为无效的平面，无法计算平面的长宽比，也无法拉出竖直平面；显示为黄色时为无效的平面，无法解析平面的所有消失点，如图12-57所示。

蓝色透视平面　　　红色透视平面　　　黄色透视平面

图12-57

12.1.9 3D滤镜

3D滤镜可以生成效果更好的凹凸图和法线图。3D滤镜子菜单如图12-58所示。原图和应用不同的滤镜制作出的效果如图12-59所示。

生成凹凸图…
生成法线图…

图12-58

原图　　　　　生成凹凸图　　　　生成法线图

图12-59

12.1.10 风格化滤镜

风格化滤镜可以产生印象派以及其他风格画派效果，是完全模拟真实艺术手法进行创作的。风格化滤镜子菜单如图12-60所示。原图和应用不同的滤镜制作出的效果如图12-61所示。

图12-60

原图　　　　　查找边缘　　　　　等高线

风　　　　　浮雕效果　　　　　扩散

拼贴　　　　　曝光过度

凸出　　　　　油画

图12-61

12.1.11 模糊滤镜

模糊滤镜可以使图像中过于清晰或对比度强烈的区域产生模糊效果，也可以制作柔和阴影。模糊滤镜子菜单如图12-62所示。原图和应用不同滤镜制作出的效果如图12-63所示。

图12-62

  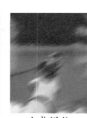

原图　　　　　表面模糊　　　　　动感模糊

方框模糊　　　　高斯模糊　　　　进一步模糊

径向模糊　　　　镜头模糊　　　　模糊

平均　　　　　特殊模糊　　　　　形状模糊

图12-63

12.1.12 模糊画廊滤镜

模糊画廊滤镜可以使用图钉或路径来控制图像，制作模糊效果。模糊画廊滤镜子菜单如图12-64所示。原图和应用不同滤镜制作出的效果如图12-65所示。

图12-64

原图　　　　　场景模糊　　　　　光圈模糊

移轴模糊　　　　路径模糊　　　　旋转模糊

图12-65

12.1.13 课堂案例——制作极限运动特效图

【案例学习目标】学习使用极坐标命令制作令人震撼的视觉效果。

【案例知识要点】使用裁剪工具裁剪图像，使用极坐标命令扭曲图像，使用图层蒙版和画笔工具修饰图像，最终效果如图12-66所示。

【效果所在位置】Ch12\效果\制作极限运动特效图.psd。

图12-66

01 按Ctrl＋O组合键，打开本书学习资源中的"Ch12\素材\制作极限运动特效图\01"文件，如图12-67所示。将"背景"图层拖曳到控制面板下方的"创建新图层"按钮 回 上进行复制，生成新的图层，将其命名为"旋转"，如图12-68所示。

图12-67　　　　　　　　图12-68

02 选择裁剪工具 ᄆ，，属性栏中的选项的设置如图12-69所示。在图像窗口中适当的位置拖曳出一个裁剪区域，如图12-70所示，按Enter键确认操作，效果如图12-71所示。

图12-69

图12-70　　　　　　　　图12-71

03 选择"滤镜＞扭曲＞极坐标"命令，在弹出的对话框中进行设置，如图12-72所示，单击"确定"按钮，效果如图12-73所示。

图12-72　　　　　　　　图12-73

04 按Ctrl+J组合键，复制"旋转"图层，生成新的图层"旋转 拷贝"，如图12-74所示。按Ctrl+T组合键，图像周围出现变换框，将鼠标指针放在变换框的控制手柄外边，指针变为↰形状，拖曳鼠标将图像旋转适当的角度，按Enter键确认操作，效果如图12-75所示。

图12-74

图12-75

05 单击"图层"控制面板下方的"添加图层蒙版"按钮 ▢ ，为图层添加蒙版。将前景色设为黑色。选择画笔工具 ✏ ，在属性栏中单击"画笔预设"选项右侧的✓按钮，弹出画笔选择面板，设置如图12-76所示。在属性栏中将"不透明度"选项设为80%，在图像窗口中拖曳鼠标擦除不需要的图像，效果如图12-77所示。

图12-76

图12-77

06 按住Ctrl键的同时，选择"旋转 拷贝"和"旋转"图层。按Ctrl+E组合键，合并图层并将其命名为"底图"。按Ctrl+J组合键，复制"底图"图层，生成新的图层"底图 拷贝"，如图12-78所示。

图12-78

07 选择"滤镜 > 扭曲 > 波浪"命令，在弹出的对话框中进行设置，如图12-79所示，单击"确定"按钮，效果如图12-80所示。

08 在"图层"控制面板上方，将"底图 拷贝"图层的混合模式选项设为"颜色减淡"，如图12-81所示，图像效果如图12-82所示。

09 选择"文件 > 置入嵌入对象"命令，弹出"置入嵌入的对象"对话框，选择本书学习资源中的"Ch12\素材\制作极限运动特效图\02"文件。单击"置入"按钮，将图片置入图像窗口中，拖曳到适当的位置并调整大小，按Enter键确认操作，效果如图12-83所示，在"图层"控制面板中生成新的图层，将其命名为"自行车"。极限运动特效图制作完成。

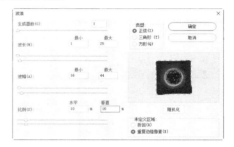
图12-79

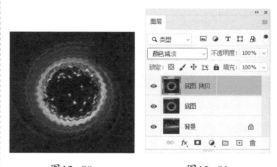

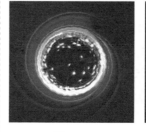

图12-80　　　　　　图12-81

图12-82　　　　　　图12-83

12.1.14 扭曲滤镜

扭曲滤镜可以生成一组从波纹到扭曲图像的变形效果。扭曲滤镜子菜单如图12-84所示。原图和应用不同滤镜制作出的效果如图12-85所示。

图12-84

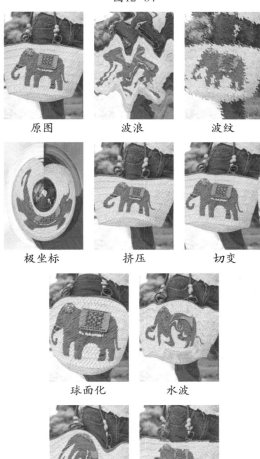

图12-85

12.1.15 锐化滤镜

锐化滤镜可以通过生成更大的对比度来使图像清晰化，增强图像的轮廓，减少图像被修改后产生的模糊效果。锐化滤镜子菜单如图12-86所示。原图和应用不同滤镜制作出的效果如图12-87所示。

图12-86

原图　　　　USM锐化　　　　防抖

进一步锐化　　　　　锐化

锐化边缘　　　　智能锐化

图12-87

12.1.16 视频滤镜

视频滤镜将以隔行扫描方式提取的图像转换为视频设备可接收的图像，以解决交换图像时的系统差异问题。视频滤镜子菜单如图12-88所示。原图和应用不同滤镜制作出的效果如图12-89所示。

图12-88

原图　　　　　　NTSC颜色　　　　　逐行

图12-89

12.1.17 像素化滤镜

像素化滤镜可以将图像分块或将图像平面化。像素化滤镜子菜单如图12-90所示。原图和应用不同滤镜制作出的效果如图12-91所示。

图12-90

原图　　　　　　彩块化　　　　　彩色半调

点状化　　　　　晶格化　　　　　马赛克

碎片　　　　　铜版雕刻

图12-91

12.1.18 渲染滤镜

渲染滤镜可以在图片中产生不同的光源效果和夜景效果。渲染滤镜子菜单如图12-92所示。原图和应用不同的滤镜制作出的效果如图12-93所示。

图12-92

原图　　　　　　火焰　　　　　　图片框

树　　　　　　分层云彩　　　　光照效果

镜头光晕　　　　纤维　　　　　　云彩

图12-93

12.1.19 课堂案例——制作美妆宣传画

【案例学习目标】学习使用滤镜命令、渐变工具和横排文字工具制作美妆宣传画。

【案例知识要点】使用位移命令和渐变工具制作背景效果，使用画笔工具擦除不需要的图像，使用横排文字工具添加文字，最终效果如图

12-94所示。

【效果所在位置】Ch12\效果\制作美妆宣传画.psd。

图12-94

01 按Ctrl＋O组合键，打开本书学习资源中的"Ch12\素材\制作美妆宣传画\01"文件，如图12-95所示。选择"滤镜＞其他＞位移"命令，在弹出的对话框中进行设置，如图12-96所示，单击"确定"按钮，效果如图12-97所示。

图12-95　　　　　图12-96

图12-97

02 新建图层并将其命名为"渐变"。将前景色设为浅棕色（227、196、148）。选择渐变工具 ▢，单击属性栏中的点按可编辑渐变按钮 ▭，弹出"渐变编辑器"对话框，在"预设"选项组中选择"前景色到透明渐变"，如图12-98所示，在图像窗口中从右上角至中间拖曳出渐变色，效果如图12-99所示。

03 按Ctrl＋O组合键，打开本书学习资源中的"Ch12\素材\制作美妆宣传画\02"文件，选择移动工具 ✛，将图片拖曳到图像窗口中适当的位置

并调整其大小，效果如图12-100所示，在"图层"控制面板中生成新图层，将其命名为"羽毛"。

图12-98　　　　　图12-99

04 按Ctrl+T组合键，图像周围出现变换框，单击鼠标右键，在弹出的菜单中选择"水平翻转"命令，水平翻转图像，按Enter键确认操作，效果如图12-101所示。

图12-100　　　　　图12-101

05 单击"羽毛"图层的图层蒙版缩览图，如图12-102所示。将前景色设为黑色。选择画笔工具 ✎，在属性栏中单击"画笔预设"选项右侧的 按钮，弹出画笔选择面板，将"大小"选项设为100像素，"硬度"选项设为66%，在图像窗口中拖曳鼠标擦除不需要的图像，效果如图12-103所示。

图12-102　　　　　图12-103

06 选择横排文字工具 T，在适当的位置分别输入需要的文字并选取文字，在属性栏中分别选择合适的字体并设置大小，效果如图12-104所示，

在"图层"控制面板中分别生成新的文字图层。

07 选择横排文字工具 T，分别选取需要的文字，在属性栏中将"文本颜色"选项设为粉色（255、84、216）和蓝色（64、156、233），填充文字，效果如图12-105所示。

图12-104　　　　　　　图12-105

08 按Ctrl＋O组合键，打开本书学习资源中的"Ch12\素材\制作美妆宣传画\03"文件，选择移动工具 ⊕，将图片拖曳到图像窗口中适当的位置，效果如图12-106所示，在"图层"控制面板中生成新图层，将其命名为"睫毛膏"。

09 按Ctrl＋O组合键，打开本书学习资源中的"Ch12\素材\制作美妆宣传画\04"文件，选择移动工具 ⊕，将图片拖曳到图像窗口中适当的位置，效果如图12-107所示，在"图层"控制面板中生成新图层，将其命名为"眼影"。美妆宣传画制作完成。

图12-106　　　　　　　图12-107

12.1.20 杂色滤镜

杂色滤镜可以混合干扰，制作出着色像素图案的纹理。杂色滤镜子菜单如图12-108所示。原图和应用不同的滤镜制作出的效果如图12-109所示。

图12-108

原图　　　　　　减少杂色　　　　　蒙尘与划痕

去斑　　　　　　添加杂色　　　　　中间值

图12-109

12.1.21 其他滤镜

其他滤镜组不同于其他类型的滤镜组，使用此滤镜组中的滤镜，可以创建自己的特殊效果。其他滤镜子菜单如图12-110所示。原图和应用不同滤镜制作出的效果如图12-111所示。

图12-110

原图　　　　　　HSB/HSL　　　　高反差保留

位移　　　　　　自定　　　　　　最大值

最小值

图12-111

12.2 滤镜使用技巧

重复使用滤镜、对图像局部使用滤镜可以使图像产生更加丰富、生动的变化。

12.2.1 重复使用滤镜

如果在使用一次滤镜后效果不理想，可以按Alt+Ctrl+F组合键，重复使用滤镜。重复使用染色玻璃滤镜的效果如图12-112所示。

图12-112

12.2.2 对图像局部使用滤镜

在要应用的图像上绘制选区，如图12-113所示，对选区中的图像使用"高斯模糊"滤镜，效果如图12-114所示。

图12-113　　　　　　图12-114

如果对选区进行羽化后再使用滤镜，就可以得到与原图融为一体的效果。在"羽化选区"对话框中设置羽化的数值，如图12-115所示，再使用滤镜得到的效果如图12-116所示。

图12-115　　　　　　图12-116

12.2.3 对通道使用滤镜

原始图像效果如图12-117所示，对图像的红、蓝通道分别使用"高斯模糊"滤镜后得到的效果如图12-118所示。

图12-117　　　　　　图12-118

12.2.4 对滤镜效果进行调整

对图像使用"高斯模糊"滤镜后，效果如图12-119所示。按Shift+Ctrl+F组合键，弹出如图12-120所示的"渐隐"对话框，调整"不透明度"选项的数值并设置"模式"选项，单击"确定"按钮，使滤镜效果产生变化，效果如图12-121所示。

图12-119　　　　　　图12-120

图12-121

课堂练习——制作中信达娱乐H5首页

【练习知识要点】使用图层的混合模式和半调图案滤镜处理人物图像，使用横排文字工具添加文字信息，最终效果如图12-122所示。

【效果所在位置】Ch12\效果\制作中信达娱乐H5首页.psd。

图12-122

课后习题——制作漂浮的水果

【习题知识要点】使用图层蒙版、画笔工具和高斯模糊命令制作水果与海面的融合效果，使用波纹命令、亮度/对比度命令和画笔工具制作水果阴影，使用横排文字工具和字符面板添加需要的文字，最终效果如图12-123所示。

【效果所在位置】Ch12\效果\制作漂浮的水果.psd。

图12-123

第 *13* 章

商业案例实训

本章介绍

本章通过多个商业案例实训，进一步讲解Photoshop的各项功能和使用技巧，让读者能够快速地掌握软件功能和知识要点，制作出变化丰富的设计作品。

学习目标

- 掌握软件基本功能的使用方法。
- 了解软件的常用设计领域。
- 掌握软件在不同设计领域中的应用。

技能目标

- 掌握"运动鞋电商界面"的制作方法。
- 掌握"婚纱摄影影集"的制作方法。
- 掌握"零食网店店招和导航条"的制作方法。
- 掌握"运动健身公众号宣传海报"的制作方法。
- 掌握"冰淇淋包装"的制作方法。

13.1.1 项目背景及要求

1. 客户名称

New Look。

2. 客户需求

New Look是一家服饰类企业，产品包括各式皮包、男女装、运动鞋等，多年来一直坚持做自己的品牌，给顾客提供不同的产品。现因公司推出新系列运动鞋，需要根据产品更新App界面，界面设计要起到宣传企业新产品的作用，向客户传递出清新和活力感。

3. 设计要求

（1）背景使用简单的几何元素进行装饰，突出前方的宣传主体。

（2）添加运动鞋，与文字一起构成画面主体。

（3）广告要主次分明，文字简洁清晰，使消费者能快速了解产品信息。

（4）要求画面对比感强烈，能迅速吸引人们注意。

（5）设计规格为750像素（宽）×1 334像素（高），分辨率为72像素/英寸。

13.1.2 项目素材及要点

1. 设计素材

图片素材所在位置：本书学习资源中的"Ch13\素材\制作运动鞋电商界面\01~11"。

2. 设计作品

设计作品效果所在位置：本书学习资源中的"Ch13\效果\制作运动鞋电商界面.psd"。效果如图13-1所示。

3. 制作要点

使用移动工具添加素材图片，使用圆角矩形

工具和横排文字工具添加界面内容，使用矩形工具和图层样式制作标签栏。

图13-1

13.1.3 案例制作步骤

1. 制作背景底图和导航栏

01 按Ctrl+N组合键，弹出"新建文档"对话框，设置宽度为750像素，高度为1 334像素，分辨率为72像素/英寸，颜色模式为RGB，背景内容为白色，单击"创建"按钮，新建一个文件。

02 选择"视图 > 新建参考线版面"命令，弹出"新建参考线版面"对话框，设置如图13-2所示，单击"确定"按钮，完成版面参考线的创建，如图13-3所示。

图13-2　　　　　　　　图13-3

03 选择"视图 > 新建参考线"命令，弹出"新建参考线"对话框，设置如图13-4所示，单击"确定"按钮，完成水平参考线的创建，如图13-5所示。

图13-4　　　　　　　图13-5

04 新建图层并将其命名为"渐变底色"。选择渐变工具 ■，单击属性栏中的点按可编辑渐变按钮 ▇▇▇ ▾，弹出"渐变编辑器"对话框，将渐变色设为从黑色到白色，单击"确定"按钮。在图像窗口中由下至上拖曳出渐变色，效果如图13-6所示。

05 在"图层"控制面板上方，将该图层的"不透明度"选项设为10%，如图13-7所示，按Enter键确认操作，图像效果如图13-8所示。

图13-6　　　　　图13-7　　　　　图13-8

06 选择"文件 > 置入嵌入对象"命令，弹出"置入嵌入的对象"对话框，选择本书学习资源中的"Ch13\效果\制作运动鞋电商界面\01"文件，单击"置入"按钮，将图片置入图像窗口中，并将其拖曳到适当的位置，按Enter键确认操作，效果如图13-9所示，在"图层"控制面板中生成新的图层，将其命名为"状态栏"。

07 单击"图层"控制面板下方的"创建新组"按钮 □，生成图层组，将其命名为"导航栏"。选择横排文字工具 T，在适当的位置输入需要

的文字并选取文字，在属性栏中选择合适的字体并设置大小，设置文本颜色为黑灰色（53、53、53），效果如图13-10所示，在"图层"控制面板中生成新的文字图层。

图13-9　　　　　　　图13-10

08 按Ctrl+O组合键，打开本书学习资源中的"Ch13\素材\制作运动鞋电商界面\02、03"文件，选择移动工具 ⊕，将图形分别拖曳到新建的图像窗口中适当的位置，效果如图13-11所示，在"图层"控制面板中生成新的形状图层，将其命名为"放大镜"和"提醒"。单击"导航栏"图层组左侧的箭头图标 ⌄，将"导航栏"图层组折叠。

图13-11

2. 制作内容区

01 新建图层组并将其命名为"内容区"。选择横排文字工具 T，在适当的位置输入需要的文字并选取文字，在属性栏中选择合适的字体并设置大小，设置文本颜色为灰色（123、123、123），效果如图13-12所示，在"图层"控制面板中生成新的文字图层。

02 选择文字"Niike"，在属性栏中将"设置字体样式"选项设为"粗体"，"文本颜色"选项设为黑灰色（53、53、53），效果如图13-13所示。

图13-12　　　　　　　图13-13

03 新建图层组并将其命名为"内容1"。选择圆角矩形工具 □，在属性栏中将"填充"颜色设为蓝色（84、123、217），"描边"颜色设为无，"半径"选项设为30像素，在图像窗口中绘制一个圆角矩形，效果如图13-14所示，在"图层"控制面板

中生成新的形状图层"圆角矩形1"。

04 按Ctrl+O组合键,打开本书学习资源中的"Ch13\素材\制作运动鞋电商界面\05"文件,选择移动工具 ⊕,将图片拖曳到新建的图像窗口中适当的位置,效果如图13-15所示,在"图层"控制面板中生成新图层,将其命名为"鞋1"。

图13-14　　　　　　　图13-15

05 选择横排文字工具 T.,在适当的位置分别输入需要的文字并选取文字,在属性栏中分别选择合适的字体并设置大小,设置文本颜色为白色,效果如图13-16所示,在"图层"控制面板中分别生成新的文字图层。

06 选择"文件 > 置入嵌入对象"命令,弹出"置入嵌入的对象"对话框,选择本书学习资源中的"Ch13\效果\制作运动鞋电商界面\04"文件,单击"置入"按钮,将图片置入图像窗口中,并将其拖曳到适当的位置,按Enter键确认操作,效果如图13-17所示,在"图层"控制面板中生成新的图层,将其命名为"关注"。

图13-16　　　　　　　图13-17

07 单击"图层"控制面板下方的添加图层样式按钮 fx.,在弹出的菜单中选择"描边"命令,在弹出的对话框中进行设置,如图13-18所示。选择"颜色叠加"选项,切换到相应的对话框,将叠加颜色设为蓝色(84、123、217),其他选项的设置如图13-19所示,单击"确定"按钮,效果如图13-20所示。

08 选择圆角矩形工具 □.,将属性栏中的"选择工具模式"选项设为"形状","半径"选项设为15像素,在图像窗口中绘制一个圆角矩形。在属性栏中将"填充"颜色设为无,"描边"颜色设为白色,"描边宽度"选项设为1像素,效果如图13-21所示,在"图层"控制面板中生成新的形状图层"圆角矩形2"。

09 选择横排文字工具 T.,在适当的位置输入需要的文字并选取文字,在属性栏中选择合适的字体并设置大小,设置文本颜色为白色,效果如图13-22所示,在"图层"控制面板中生成新的文字图层。单击"内容1"图层组左侧的箭头图标 ∨,将"内容1"图层组折叠。

图13-18

图13-19

图13-20　　　图13-21　　　图13-22

10 将"内容1"图层组拖曳到"图层"控制面板下方的"创建新图层"按钮 □ 上进行复制，生成新的图层组"内容1 拷贝"。双击"圆角矩形 1"图层的缩览图，在弹出的对话框中将颜色设为绿色（2、175、186），单击"确定"按钮，效果如图13-23所示。

11 选择横排文字工具 **T.**，选取文字"网面透气跑鞋"，修改文字，效果如图13-24所示。单击"内容1 拷贝"图层组左侧的箭头图标 ∨，将图层组折叠。选择移动工具 ⊕.，按住Shift键的同时，将图像水平向右拖曳到适当的位置，效果如图13-25所示。

图13-23　　　　　图13-24

图13-25

12 按Ctrl+E组合键，合并图层，如图13-26所示。选择圆角矩形工具 ○.，将属性栏中的"填充"颜色设为绿色（2、175、186），"描边"颜色设

为无，"半径"选项设为30像素，在图像窗口中绘制一个圆角矩形，效果如图13-27所示，在"图层"控制面板中生成新的形状图层"圆角矩形 3"。

图13-26　　　　　图13-27

13 选择"窗口 > 属性"命令，在弹出的面板中进行设置，如图13-28所示，按Enter键确认操作，效果如图13-29所示。

图13-28　　　　　图13-29

14 选择"内容1 拷贝"图层，将其拖曳到"圆角矩形 3"图层的上方，如图13-30所示。按Alt+Ctrl+G组合键，创建剪贴蒙版，效果如图13-31所示。

图13-30　　　　　图13-31

15 选择横排文字工具 T.，在适当的位置输入需要的文字并选取文字，在属性栏中选择合适的字体并设置大小，设置文本颜色为黑灰色（53、53、53），效果如图13-32所示，在"图层"控制面板中生成新的文字图层。

16 选择椭圆工具 ○.，将属性栏中的"填充"颜色设为黑灰色（53、53、53），"描边"颜色设为无，按住Shift键的同时，在图像窗口中绘制一个圆形，效果如图13-33所示，在"图层"控制面板中生成新的形状图层，将其命名为"椭圆1"。

图13-32　　　　　　图13-33

17 按Alt+Ctrl+T组合键，图像周围出现变换框，将复制的图形拖曳到适当的位置，按Enter键确认操作，效果如图13-34所示。连续按两次Alt+Shift+Ctrl+T组合键，复制两个图形，效果如图13-35所示。

18 用相同的方法打开"06"和"07"图片，制作如图13-36所示的效果。单击"内容区"图层组左侧的箭头图标✓，将"内容区"图层组折叠。

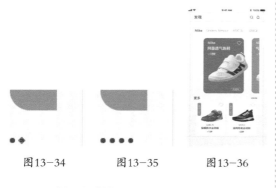

图13-34　　　　图13-35　　　　图13-36

3. 制作标签栏

01 新建图层组并将其命名为"标签栏"。选择矩形工具 □.，在属性栏中将"填充"颜色设为白

色，"描边"颜色设为无，在图像窗口中绘制一个矩形，效果如图13-37所示，在"图层"控制面板中生成新的形状图层"矩形1"。

图13-37

02 单击"图层"控制面板下方的"添加图层样式"按钮 fx.，在弹出的菜单中选择"投影"命令，在弹出的对话框中进行设置，如图13-38所示，单击"确定"按钮，效果如图13-39所示。

图13-38

图13-39

03 按Ctrl+O组合键，打开本书学习资源中的"Ch13\素材\制作运动鞋电商界面\08"文件，选择移动工具 ⊕.，将图形拖曳到新建的图像窗口中适当的位置，效果如图13-40所示，在"图层"控制面板中生成新的形状图层，将其命名为"首页"。

图13-40

04 单击"图层"控制面板下方的添加图层样式按钮 fx.，在弹出的菜单中选择"颜色叠加"命令，在弹出的对话框中进行设置，如图13-41所示，单击"确定"按钮，效果如图13-42所示。

图13-41

图13-42

05 选择移动工具 ⊕，选取关注图标，按住Alt键的同时，将其拖曳到适当的位置，复制图形，效果如图13-43所示，在图层控制面板中生成新的图层"关注 拷贝3"，并将其拖曳到"首页"图层上方，如图13-44所示。

图13-43

图13-44

06 双击"关注 拷贝3"图层，在弹出的对话框中将描边颜色设为深灰色（53、53、53），其他选

项的设置如图13-45所示，单击"确定"按钮，效果如图13-46所示。

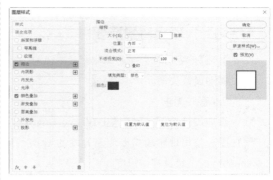

图13-45

图13-46

07 按Ctrl+O组合键，打开本书学习资源中的"Ch13\素材\制作运动鞋电商界面\09、10、11"文件，选择移动工具 ⊕，将图形分别拖曳到新建的图像窗口中适当的位置，效果如图13-47所示，在"图层"控制面板中分别生成新的图层，将其分别命名为"社区""购物车"和"个人中心"，如图13-48所示。运动鞋电商界面制作完成。

图13-47

图13-48

课堂练习1——制作时钟图标

练习1.1 项目背景及要求

1. 客户名称

微迪设计公司。

2. 客户需求

微迪设计公司是一家集UI设计、Logo设计、VI设计为一体的设计公司，得到众多客户的一致好评。公司现阶段需要为新开发的App设计一款时钟图标，要求使用微立体化的形式表达出App的特征，且具有辨识度。

3. 设计要求

（1）使用蓝色的背景突出红色的图标，醒目直观。

（2）微立体化的设计让人一目了然，辨识度高。

（3）图标简洁明了，搭配合理。

（4）色彩简洁亮丽，增加画面的活泼感。

（5）设计规格为1 024像素（宽）×1 024像素（高），分辨率为72像素/英寸。

练习1.2 项目素材及要点

1. 设计作品

设计作品效果所在位置：本书学习资源中的"Ch13\效果\绘制时钟图标.psd"。效果如图13-49所示。

图13-49

2. 制作要点

使用椭圆工具、减去顶层形状命令和添加图层样式按钮绘制表盘，使用圆角矩形工具、矩形工具和创建剪贴蒙版命令绘制指针和刻度，使用钢笔工具、图层控制面板和渐变工具制作投影。

课堂练习2——绘制记事本图标

练习2.1　项目背景及要求

1. 客户名称

岢基设计公司。

2. 客户需求

岢基设计公司是一家专门从事UI设计、Logo设计的设计公司。公司现阶段需要为新开发的App设计一款记事本图标，要求使用微立体化的设计表达出App的特征，且具有辨识度。

3. 设计要求

（1）使用橘色的背景突出中心的图标，直观自然。

（2）扁平化的设计简洁明了，让人一目了然。

（3）拟物化的图标设计真实直观，辨识度高。

（4）颜色丰富，搭配合理，增加画面的活泼感和清晰度。

（5）设计规格为1 024像素（宽）×1 024像素（高），分辨率为72像素/英寸。

练习2.2　项目素材及要点

1. 设计作品

设计作品效果所在位置：本书学习资源中的"Ch13\效果\绘制记事本图标.psd"。效果如图13-50所示。

图13-50

2. 制作要点

使用椭圆工具、图层样式、矩形工具和圆角矩形工具绘制记事本，使用矩形工具、属性面板、多边形工具、剪贴蒙版和投影命令绘制铅笔，使用钢笔工具、图层控制面板和渐变工具制作投影。

课后习题1——制作社交类App引导页

习题1.1 项目背景及要求

1. 客户名称

米小聊信息技术公司。

2. 客户需求

米小聊信息技术公司是一家提供App开发、运营、推广等一系列服务的专业公司。本例是为一款社交类App制作引导页，要求能突出体现App的功能内容，风格简洁明快。

3. 设计要求

（1）使用紫色的背景，营造出轻松、舒适的氛围。

（2）元素和文字相互搭配，展示出App中各项功能的特点。

（3）整体设计简单大方，颜色清爽明快。

（4）设计规格为750像素（宽）×1334像素（高），分辨率为72像素/英寸。

习题1.2 项目素材及要点

1. 设计素材

图片素材所在位置：本书学习资源中的"Ch13\素材\制作社交类App引导页\01"。

2. 设计作品

设计作品效果所在位置：本书学习资源中的"Ch13\效果\制作社交类App引导页.psd"。效果如图13-51所示。

图13-51

3. 制作要点

使用圆角矩形工具和椭圆工具绘制图形，使用图层样式制作图形效果，使用横排文字工具和字符面板输入并调整文字。

课后习题2——制作网络购物App闪屏页

习题2.1 项目背景及要求

1. 客户名称

海鲸商城。

2. 客户需求

海鲸商城是一家专业的网络购物商城。本例是为一款购物App制作闪屏页，要求能突出体现App的功能内容。

3. 设计要求

（1）设计要体现出网购的特点。

（2）以实景照片为画面的主体，标志与图片搭配合理，具有美感。

（3）色彩要围绕产品进行设计搭配，达到自然、令人舒适的效果。

（4）设计规格为750像素（宽）×1334像素（高），分辨率为72像素/英寸。

习题2.2 项目素材及要点

1. 设计素材

图片素材所在位置：本书学习资源中的"Ch13\素材\制作网络购物App闪屏页\01～11"。

2. 设计作品

设计作品效果所在位置：本书学习资源中的"Ch13\效果\制作网络购物App闪屏页.psd"。效果如图13-52所示。

图13-52

3. 制作要点

使用创建新的填充或调整图层按钮调整图像色调，使用横排文字工具添加文字信息，使用椭圆工具、矩形工具添加装饰图形。使用置入嵌入对象命令置入图像。

照片模板设计——制作婚纱摄影影集

13.2.1 项目背景及要求

1. 客户名称

美奇摄影社。

2. 客户需求

美奇摄影社是一家专门从事拍摄和对照片进行艺术加工处理的摄影社。本例要制作婚纱摄影照片模板，要求能够烘托出幸福、美满、甜蜜的氛围。

3. 设计要求

（1）画面以人物照片为主，主次明确，设计独特。

（2）整体使用柔和、令人舒适的色彩，给人温馨舒适的感受。

（3）文字和颜色的运用要与整体风格相呼应，让人一目了然。

（4）照片搭配合理，体现出幸福和舒适感。

（5）设计规格为400毫米（宽）×200毫米（高），分辨率为150像素/英寸。

13.2.2 项目素材及要点

1. 设计素材

图片素材所在位置：本书学习资源中的"Ch13\素材\制作婚纱摄影影集\01～04"。

2. 设计作品

设计作品效果所在位置：本书学习资源中的"Ch13\效果\制作婚纱摄影影集.psd"。效果如图13-53所示。

3. 制作要点

使用矩形工具、剪切蒙版制作底图效果，使用照片滤镜命令调整图像的色调，使用横排文字工具添加文字。

图13-53

13.2.3 案例制作步骤

01 按Ctrl+N组合键，弹出"新建文档"对话框，设置宽度为400毫米，高度为200毫米，分辨率为150像素/英寸，颜色模式为RGB，背景内容为白色，单击"创建"按钮，新建一个文件。

02 选择矩形工具 □，在属性栏的"选择工具模式"选项中选择"形状"，将"填充"颜色设为灰色（233、233、233），在图像窗口中拖曳鼠标绘制矩形，效果如图13-54所示，在"图层"控制面板中生成新的形状图层"矩形 1"。

图13-54

03 将"矩形 1"图层拖曳到"图层"控制面板下方的"创建新图层"按钮 □ 上进行复制，生成新的图层"矩形 1拷贝"。选择路径选择工具 ▶，选取图形并将其拖曳到适当的位置，效果如图13-55所示，在属性栏中将"填充"颜色设为无，"描边"颜色设为灰色（233、233、233），效果如图13-56所示。

图13—55

图13—56

04 选中"矩形1"图层。按Ctrl+O组合键，打开本书学习资源中的"Ch13\素材\制作婚纱摄影影集\01"文件，选择移动工具 ⊕，将图片拖曳到图像窗口中适当的位置，如图13-57所示，在"图层"控制面板中生成新的图层，将其命名为"照片1"。按Alt+Ctrl+G组合键，创建剪贴蒙版，效果如图13-58所示。

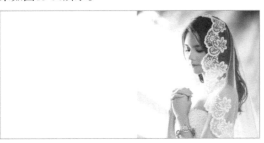

图13—57

图13—58

 05 选择直排文字工具 IT，在适当的位置输入需要的文字并选取文字，在属性栏中选择合适的字体并设置大小，设置文本颜色为深灰色（119、119、119），按Alt+→组合键，调整文字的间距，效果如图13-59所示，在"图层"控制面板中生成新的文字图层。

图13—59

06 选择矩形工具 □，在属性栏的"选择工具模式"选项中选择"形状"，将"填充"颜色设为灰色（233、233、233），在图像窗口中拖曳鼠标绘制矩形，效果如图13-60所示，在"图层"控制面板中生成新的形状图层"矩形 2"。

图13—60

07 按Ctrl+O组合键，打开本书学习资源中的"Ch13 \素材\制作婚纱摄影影集\02"文件，选择移动工具 ⊕，将图片拖曳到图像窗口中适当的位置，如图13-61所示，在"图层"控制面板中生成新的图层，将其命名为"照片2"。按Alt+Ctrl+G组合键，创建剪贴蒙版，效果如图13-62所示。

图13—61   图13—62

08 选择矩形工具 □，在图像窗口中拖曳鼠标绘制矩形，效果如图13-63所示，在"图层"控制面板中生成新的形状图层"矩形 3"。选择路径选择工具 ▶，按住Alt键的同时，选取图形并将其拖曳到适当的位置，复制图形，效果如图13-64所示。

图13-63　　　　　　　图13-64

09 选取"矩形 3"图层。按Ctrl+O组合键，打开本书学习资源中的"Ch13\素材\制作婚纱摄影影集\03"文件，选择移动工具 ⊕，将图片拖曳到图像窗口中适当的位置，如图13-65所示，在"图层"控制面板中生成新的图层，将其命名为"照片3"。按Alt+Ctrl+G组合键，创建剪贴蒙版，效果如图13-66所示。

图13-65　　　　　　　图13-66

10 单击"图层"控制面板下方的"创建新的填充或调整图层"按钮 ●，在弹出的菜单中选择"照片滤镜"命令。在"图层"控制面板中生成"照片滤镜 1"图层，同时弹出"照片滤镜"面板，单击 ⏍ 按钮，其他选项的设置如图13-67所示，按Enter键确认操作。按Alt+Ctrl+G组合键，创建剪贴蒙版，效果如图13-68所示。

11 选取"矩形 3 拷贝"图层。按Ctrl+O组合键，打开本书学习资源中的"Ch13\素材\制作婚纱摄影影集\04"文件，选择移动工具 ⊕，将图片拖曳到图像窗口中适当的位置，如图13-69所示，在"图层"控制面板中生成新的图层，将其命名为"照片4"。按Alt+Ctrl+G组合键，创建剪贴蒙版，效果如图13-70所示。

图13-67　　　　　　　图13-68

图13-69　　　　　　　图13-70

12 选择横排文字工具 T，分别在适当的位置输入需要的文字并选取文字，在属性栏中选择合适的字体并设置大小，设置文本颜色为深灰色（119、119、119），效果如图13-71所示，在"图层"控制面板中分别生成新的文字图层。婚纱摄影影集制作完成，效果如图13-72所示。

图13-71

图13-72

课堂练习1——制作旅游PPT模板

练习1.1 项目背景及要求

1. 客户名称

玖七旅行社。

2. 客户需求

玖七旅行社是一家综合性旅行服务平台，可以随时随地向用户提供集酒店预订、旅游度假及旅游信息在内的全方位旅行服务。旅行社目前需要制作一个PPT模板，模板的主题是自然唯美，给人有个性、轻松的感觉。

3. 设计要求

（1）画面要以景点图片为主体。

（2）界面内容丰富，图文搭配合理。

（3）画面色彩搭配适宜，营造出令人身心舒畅的旅行氛围。

（4）设计风格具有特色，版式精巧活泼，能吸引用户的目光。

（5）设计规格为373毫米（宽）×210毫米（高），分辨率为72像素/英寸。

练习1.2 项目素材及要点

1. 设计素材

图片素材所在位置：本书学习资源中的"Ch13\素材\制作旅游PPT模板\01~06"。

2. 设计作品

设计作品效果所在位置：本书学习资源中的"Ch13\效果\制作旅游PPT模板.psd"。效果如图13-73所示。

图13-73

3. 制作要点

使用椭圆工具、图层样式、移动工具和剪贴蒙版添加照片，使用横排文字工具和字符面板添加文字。

课堂练习2——制作唯美照片模板

练习2.1 项目背景及要求

1. 客户名称

卡嘻摄影工作室。

2. 客户需求

卡嘻摄影工作室是一家比较有实力的摄影工作室，工作室以艺术家的眼光捕捉独特瞬间，使照片的艺术性和个性得到充分展现。现需要制作一个唯美照片模板，要求表现出人物个性及其独特的魅力。

3. 设计要求

（1）照片模板要具有极强的表现力。

（2）使用颜色和特效烘托出人物的个性。

（3）设计要富有创意，体现出多彩的日常生活。

（4）要对文字进行具有特色的设计，图文搭配合理。

（5）设计规格为285毫米（宽）×210毫米（高），分辨率为150像素/英寸。

练习2.2 项目素材及要点

1. 设计素材

图片素材所在位置：本书学习资源中的"Ch13\素材\制作唯美照片模板\01～02"。

2. 设计作品

设计作品效果所在位置：本书学习资源中的"Ch13\效果\制作唯美照片模板.psd"。效果如图13-74所示。

图13-74

3. 制作要点

使用自然饱和度命令和照片滤镜命令调整图像色调，使用椭圆工具和剪切蒙版制作装饰效果，使用横排文字工具和字符面板添加有个性的文字。

课后习题1——制作宝宝照片模板

习题1.1　项目背景及要求

1．客户名称

框架时尚摄影工作室。

2．客户需求

框架时尚摄影工作室是一家专业的摄影工作室。工作室目前需要制作一个宝宝照片模板，要求以可爱为主，能够展现出孩子那富有感染力的笑容和天真可爱的表情。

3．设计要求

（1）模板要能体现宝宝照片的特点。

（2）图像与文字搭配合理，能够营造一个清新干净且富有活力的氛围。

（3）颜色的运用和文字的设计适合模板。

（4）设计风格具有特色，版式精巧活泼，能吸引用户的目光。

（5）设计规格为230毫米（宽）×120毫米（高），分辨率为72像素/英寸。

习题1.2　项目素材及要点

1．设计素材

图片素材所在位置：本书学习资源中的"Ch13\素材\制作宝宝照片模板\01～03"。

2．设计作品

设计作品效果所在位置：本书学习资源中的"Ch13\效果\制作宝宝照片模板.psd"。效果如图13-75所示。

图13-75

3．制作要点

使用矩形工具、图层样式、移动工具和剪贴蒙版添加人物照片，使用横排文字工具、字符面板和图层样式添加文字。

课后习题2——制作写真照片模板

习题2.1 项目背景及要求

1. 客户名称

美奇摄影社。

2. 客户需求

美奇摄影社是一家专门从事拍摄和对照片进行艺术加工处理的摄影社。现需要制作一个写真照片模板，要求烘托出健康、阳光的氛围，给人幸福、休闲和舒适感。

3. 设计要求

（1）画面以人物照片为主，主次明确，设计独特。

（2）使用生活化的照片，增加亲近感。

（3）文字和颜色的运用要与整体风格相呼应，让人一目了然。

（4）照片的搭配和运用要合理，给人幸福和舒适感。

（5）设计规格为297毫米（宽）×210毫米（高），分辨率为72像素/英寸。

习题2.2 项目素材及要点

1. 设计素材

图片素材所在位置：本书学习资源中的"Ch13\素材\制作写真照片模板\01～03"。

2. 设计作品

设计作品效果所在位置：本书学习资源中的"Ch13\效果\制作写真照片模板.psd"。效果如图13-76所示。

图13-76

3. 制作要点

使用矩形工具、剪切蒙版和拷贝命令制作底图效果，使用色阶命令调整图像的亮度，使用横排文字工具和字符面板添加文字。

13.3 网店设计——制作零食网店店招和导航条

13.3.1 项目背景及要求

1. 客户名称

妙妙零食屋。

2. 客户需求

妙妙零食屋是一家专营休闲食品的连锁零售企业。近期需要制作一个全新的网店店招和导航条，要求能宣传公司文化，提高公司的知名度。

3. 设计要求

（1）采用浅淡的背景色衬托前方的宣传主题，醒目突出。

（2）导航条的分类要明确清晰。

（3）画面颜色要清新淡雅，营造出柔和舒适的氛围。

（4）设计风格简洁大方，能拉近与人们的距离。

（5）设计规格为950像素（宽）×150像素（高），分辨率为72像素/英寸。

13.3.2 项目素材及要点

1. 设计素材

图片素材所在位置：本书学习资源中的"Ch13\素材\制作零食网店店招和导航条\01~02"。

2. 设计作品

设计作品效果所在位置：本书学习资源中的"Ch13\效果\制作零食网店店招和导航条.psd"。效果如图13-77所示。

图13-77

3. 制作要点

使用横排文字工具、直排文字工具、椭圆工具、圆角矩形工具和自定形状工具添加店招，使用移动工具、图层样式、直线工具和自定形状工具制作产品介绍，使用矩形工具、横排文字工具和字符面板制作导航条。

13.3.3 案例制作步骤

1. 添加店招

01 按Ctrl+O组合键，打开本书学习资源中的"Ch13\素材\制作零食网店店招和导航条\01"文件，如图13-78所示。

图13-78

02 选择横排文字工具 T，在图像窗口中输入需要的文字并选取文字，在属性栏中选择合适的字体并设置文字大小，设置文字颜色为红色（255、0、74），按Alt+→组合键，调整文字的间距，效果如图13-79所示，在"图层"控制面板中生成新的文字图层。

图13-79

03 选择直排文字工具 T，在图像窗口中输入需要的文字并选取文字，在属性栏中选择合适的字体并设置大小，按Alt+→组合键，调整文字的间距，效果如图13-80所示，在"图层"控制面板中生成新的文字图层。

04 选择椭圆工具 ○，在属性栏的"选择工具模式"选项中选择"形状"，将"填充"颜色设为红色（255、0、74），按住Shift键的同时，在图像窗口中拖曳鼠标绘制圆形，效果如图13-81所示，在"图层"控制面板中生成新的图层，命名为"装饰圆"。

图13-80　　　　　　　　图13-81

05　选择路径选择工具 ▶，按住Alt键的同时，将
圆形拖曳到适当的位置，复制圆形，如图13-82所
示。用相同的方法再次复制圆形，效果如图13-83
所示。

图13-82　　　　　　　　图13-83

06　在"图层"控制面板中，将"零食屋"图
层拖曳到"装饰圆"图层的上方，如图13-84所
示。将前景色设为粉色（255、205、219）。按
Alt+Shift+Delete组合键，用前景色填充有像素区
域，效果如图13-85所示。

图13-84

图13-85

07　选择横排文字工具 T，在图像窗口中输入需
要的文字并选取文字，在属性栏中选择合适的字
体并设置文字大小，效果如图13-86所示。在"图
层"控制面板中生成新的文字图层。

图13-86

08　选择圆角矩形工具 □，在属性栏的"选择工
具模式"选项中选择"形状"，将"半径"选项
设为10像素，在图像窗口中拖曳鼠标绘制圆角矩
形，效果如图13-87所示。在"图层"控制面板中
生成新的图层"圆角矩形 1"。

图13-87

09　选择自定形状工具 ⚹，在属性栏中单击"形
状"选项，在弹出的"形状"面板中选择需要的
图形，如图13-88所示。在属性栏的"选择工具模
式"选项中选择"形状"，在图像窗口中拖曳鼠
标绘制图形，在"图层"控制面板中生成新图层
"形状 1"。在属性栏中将"填充"颜色设为粉
色（255、205、219），效果如图13-89所示。

图13-88

图13-89

10　选择横排文字工具 T，在图像窗口中输入需
要的文字并选取文字，在属性栏中选择合适的字
体并设置文字大小，设置文字颜色为粉色（255、
205、219），效果如图13-90所示，在"图层"控
制面板中生成新的文字图层。

11　选择直线工具 ╱，将属性栏中的"选择工
具模式"选项设为"形状"，"填充"颜色设
为无，"描边"颜色设为红色（255、0、74），

"粗细"选项设为1像素，按住Shift键的同时，在图像窗口中绘制一条直线，效果如图13-91所示，在"图层"控制面板中生成新的图层"形状 2"。

图13-90

图13-91

12 按住Shift键的同时，将"形状 2"图层到"妙妙"图层的所有图层同时选中。按Ctrl+G组合键，将图层编组并将其命名为"店名"，如图13-92所示。

图13-92

2. 制作产品介绍

01 按Ctrl+O组合键，打开本书学习资源中的"Ch13\素材\制作零食网店店招和导航条\02"文件，如图13-93所示。选择"移动"工具 ⊕，将02图像拖曳到01图像窗口中的适当位置并调整其大小，效果如图13-94所示，在"图层"控制面板中生成新的图层并将其命名为"黄桃干"。

图13-93　　　　　图13-94

02 单击"图层"控制面板下方的"创建新的填充或调整图层"按钮 ❍.，在弹出的菜单中选择

"色阶"命令，在"图层"控制面板中生成"色阶 1"图层，同时弹出"色阶"面板，单击 ⬜ 按钮，其他选项的设置如图13-95所示，按Enter键确认操作。

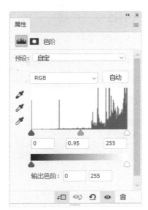

图13-95

03 单击"图层"控制面板下方的"创建新的填充或调整图层"按钮 ❍.，在弹出的菜单中选择"亮度/对比度"命令，在"图层"控制面板中生成"亮度/对比度 1"图层，同时弹出"亮度/对比度"面板，单击 ⬜ 按钮，其他选项的设置如图13-96所示，按Enter键确认操作，效果如图13-97所示。

图13-96

图13-97

04 选择横排文字工具 T.，在图像窗口中分别输入需要的文字并选取文字，在属性栏中分别选择

合适的字体并设置文字大小，设置文字颜色为黑色，效果如图13-98所示。在"图层"控制面板中分别生成新的文字图层。

05 选择圆角矩形工具 ⬜，在属性栏的"选择工具模式"选项中选择"形状"，将"填充"颜色设为红色（255、0、74），"半径"选项设为10像素，在图像窗口中拖曳鼠标绘制圆角矩形，效果如图13-99所示，在"图层"控制面板中生成新的图层"圆角矩形 2"。

图13-98　　　　　　　图13-99

06 单击"图层"控制面板下方的"添加图层样式"按钮 ƒx，在弹出的菜单中选择"斜面和浮雕"命令，弹出对话框，将高光颜色设为黄色（255、213、129），阴影颜色设为褐色（55、18、9），其他选项的设置如图13-100所示。单击"确定"按钮，效果如图13-101所示。

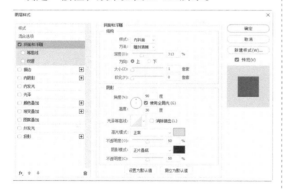

图13-100

图13-101

07 选择自定形状工具 ⬠，在属性栏中单击"形状"选项，弹出"形状"面板，选择需要的图形，如图13-102所示。在属性栏的"选择工具模式"选项中选择"形状"，将"填充"颜色设为粉色（255、205、219），效果如图13-108所示，在"图层"控制面板中生成新图层"形状 3"。在属性栏中将"填充"颜色设为粉色（255、205、219），效果如图13-103所示。

图13-102　　　　　　　图13-103

08 选择横排文字工具 T，在图像窗口中输入需要的文字并选取文字，在属性栏中选择合适的字体并设置文字大小，设置文字颜色为粉色（255、205、219），效果如图13-104所示，在"图层"控制面板中生成新的文字图层。

09 将前景色设为黑色。选择直线工具 ∕，在属性栏的"选择工具模式"选项中选择"形状"，将"粗细"选项设为1像素，按住Shift键的同时，在图像窗口中绘制一条直线，效果如图13-105所示。在"图层"控制面板中生成新图层"形状 4"。

图13-104　　　　　　　图13-105

10 选择自定形状工具 ⬠，在属性栏中单击"形状"选项，弹出"形状"面板，选择"旧版形状及其他 > 所有旧版默认形状 > 形状"，选取需要的图形，如图13-106所示。在属性栏的"选择工具模式"选项中选择"形状"，在图像窗口中拖曳鼠标绘制图形，效果如图13-107所示，在"图层"控制面板中生成新的图层"形状 5"。

图13-106

图13-107

11 在属性栏中将"填充"选项设为无，"描边"选项设为红色（233、77、122），"描边宽度"选项设为3像素，效果如图13-108所示。

图13-108

12 按Ctrl+J组合键，复制"形状 5"图层，生成新的图层"形状 5 拷贝"。在属性栏中将"填充"选项设为无，"描边"选项设为白色，效果如图13-109所示。选择移动工具 ⊕，移动图像到适当的位置，效果如图13-110所示。

图13-109

图13-110

13 选择横排文字工具 T.，在图像窗口中输入需要的文字并选取文字，在属性栏中选择合适的字体并设置文字大小，设置文字颜色为红色（233、77、122），效果如图13-111所示，在"图层"控制面板中生成新的文字图层。

图13-111

14 按住Shift键的同时，在"图层"控制面板中，将"每月 上新"图层到"黄桃干"图层的所有图层同时选中。按Ctrl+G组合键，将图层编组并将其命名为"产品介绍"，如图13-112所示。

图13-112

3．制作导航条

01 选择矩形工具 □，在属性栏的"选择工具模式"选项中选择"形状"，"填充"颜色设为红色（244、68、119），在图像窗口中拖曳鼠标绘制矩形，效果如图13-113所示，在"图层"控制面板中生成新的图层"矩形 1"。

图13-113

02 单击"图层"控制面板下方的"添加图层样式"按钮 fx.，在弹出的菜单中选择"渐变叠加"命令，弹出对话框，单击"渐变"选项右侧的"点按可编辑渐变"按钮，弹出"渐变编辑器"对话框，将渐变颜色设为从红色（255、0、74）到粉色（235、125、157），如图13-114所示。单击"确定"按钮，返回"渐变叠加"对话框，如图13-115所示。单击"确定"按钮，效果如图13-116所示。

03 选择横排文字工具 T.，在图像窗口中输入需要的文字并选取文字，在属性栏中选择合适的字体并设置文字大小，设置文字颜色为白色，效果如图13-117所示，在"图层"控制面板中生成新的文字图层。

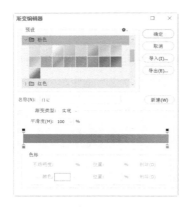

图13-114

图13-115

图13-116

图13-117

04 选中文字"满199减100",如图13-118所示。选择"窗口 > 字符"命令,弹出"字符"面板,将"颜色"选项设为红色(255、0、74),其他选项的设置如图13-119所示。按Enter键确认操作,文字效果如图13-120所示。

图13-118

图13-119

图13-120

05 选择矩形工具 □,在属性栏的"选择工具模式"选项中选择"形状",将"填充"颜色设为白色,在图像窗口中拖曳鼠标绘制矩形,效果如图13-121所示,在"图层"控制面板中生成新的图层"矩形 2"。按Ctrl+[组合键,将图层向下移动一层,效果如图13-122所示。

图13-121

图13-122

06 按住Shift键的同时,在"图层"控制面板中将文字图层到"矩形 1"图层的所有图层同时选中。按Ctrl+G组合键,将图层编组并将其命名为"导航条",如图13-123所示。零食网店店招和导航条制作完成,效果如图13-124所示。

图13-123

图13-124

课堂练习1——制作生活家具类网站Banner

练习1.1 项目背景及要求

1. 客户名称

克莱米尔家居商城。

2. 客户需求

克莱米尔家居商城是一家销售家具及生活用品的公司，深受广大客户的喜爱和信任。公司最近要设计一款网站Banner，要求主题突出，活动信息介绍全面。

3. 设计要求

（1）设计要美观精致，跳转按钮齐全。

（2）深色背景搭配浅色文字，使文字更醒目。

（3）画面以家具为主体，效果直观。

（4）设计规格为1920像素（宽）×800像素（高），分辨率为72像素/英寸。

练习1.2 项目素材及要点

1. 设计素材

图片素材所在位置：本书学习资源中的"Ch13\素材\制作生活家具类网站Banner\ 01～04"。

2. 设计作品

设计作品效果所在位置：本书学习资源中的"Ch13\效果\制作生活家具类网站Banner.psd"。效果如图13-125所示。

图13-125

3. 制作要点

使用添加杂色命令制作底图，使用置入嵌入对象命令置入图片，使用图层样式为图形添加特殊效果，使用调整图层调整图像。

练习2.1 项目背景及要求

1. 客户名称

跃旅运动。

2. 客户需求

跃旅运动是一家专门经营运动服装、鞋类和运动背包等的公司。在初秋来临之际，公司推出了新款产品，现需要在公司服装网店中制作分类引导，以吸引用户。

3. 设计要求

（1）网店分类引导包含运动鞋、衣服和背包元素。

（2）设计要简洁大方，图片颜色搭配合理。

（3）图文搭配合理，能够清晰展现服装信息。

（4）设计风格符合公司品牌特色，能够凸显服装品质。

（5）设计规格为950像素（宽）×193像素（高），分辨率为72像素/英寸。

练习2.2 项目素材及要点

1. 设计素材

图片素材所在位置：本书学习资源中的"Ch13\素材\制作服装网店分类引导\01～07"。

文字素材所在位置：本书学习资源中的"Ch13\素材\制作服装网店分类引导\文本文档"。

2. 设计作品

设计作品效果所在位置：本书学习资源中的"Ch13\效果\制作服装网店分类引导.psd"。效果如图13-126所示。

图13-126

3. 制作要点

使用移动工具、矩形工具和剪贴蒙版制作展示图片，使用横排文字工具和矩形工具制作链接按钮，使用横排文字工具添加服饰信息。

课后习题1——制作女装客服区

习题1.1　项目背景及要求

1. 客户名称

花语·阁服装有限公司。

2. 客户需求

花语·阁是一家生产和经营各种女装的服装公司。公司近期要更新网店，需要制作一个全新的网店女装客服区，要求画面简洁直观，能体现出公司的特色。

3. 设计要求

（1）将人物照片作为设计元素，使网页内容更丰富。

（2）文字简洁直观，和整体设计相呼应，让人一目了然。

（3）设计风格符合公司品牌特色，能够凸显产品的品质。

（4）设计规格为950像素（宽）×200像素（高），分辨率为72像素/英寸。

习题1.2　项目素材及要点

1. 设计素材

图片素材所在位置：本书学习资源中的"Ch13\素材\制作女装客服区\01~09"。

文字素材所在位置：本书学习资源中的"Ch13\素材\制作女装客服区\文本文档"。

2. 设计作品

设计作品效果所在位置：本书学习资源中的"Ch13\效果\制作女装客服区.psd"。效果如图13-127所示。

图13-127

3. 制作要点

使用横排文字工具和椭圆工具添加文字，使用椭圆工具、图层样式、移动工具和剪贴蒙版制作客服照片。

课后习题2——制作家居用品网店页尾

习题2.1 项目背景及要求

1. 客户名称

艾斯利文家居网。

2. 客户需求

艾斯利文家居网是一个风格独特的家居用品门户网站，提供专业的装修及家居用品信息，为追求生活品质的家居用品消费者和爱好者提供优质产品，是全方位的产品导购平台。该网站近期需要制作一个全新的网店页尾，要求详细说明公司信息，全面展现公司的优质服务。

3. 设计要求

（1）页尾的设计简洁，文字叙述清楚明了。

（2）说明文字排列整齐，给人视觉上的舒适感。

（3）采用简洁的图标，使画面内容更丰富。

（4）强调服务理念，用优质的服务信息打动客户的心。

（5）设计规格为950像素（宽）×375像素（高），分辨率为72像素/英寸。

习题2.2 项目素材及要点

1. 设计素材

图片素材所在位置：本书学习资源中的"Ch13\素材\制作家居用品网店页尾\01和02"。

2. 设计作品

设计作品效果所在位置：本书学习资源中的"Ch13\效果\制作家居用品网店页尾.psd"。效果如图13-128所示。

图13-128

3. 制作要点

使用矩形工具、剪贴蒙版和横排文字工具制作宣传栏，使用矩形工具、移动工具、横排文字工具、字符面板、直线工具和拷贝命令制作服务信息，使用矩形工具、自定形状工具和横排文字工具制作公司信息，使用圆角矩形工具、椭圆工具、剪贴蒙版和横排文字工具制作返回首页图标。

13.4　海报设计——制作运动健身公众号宣传海报

13.4.1　项目背景及要求

1．客户名称

天禾健身俱乐部。

2．客户需求

天禾健身俱乐部是一家专业的健身俱乐部。本例是为俱乐部制作宣传海报，要求能够体现出俱乐部的主要项目和特色，以及健康生活的理念。

3．设计要求

（1）使用健身房的实景照片作为背景，营造出热情洋溢的氛围。

（2）深色背景搭配浅色文字，使文字更醒目。

（3）画面以教练和器材为主体，效果直观。

（4）文字的设计与整个设计相呼应，让人印象深刻。

（5）设计规格为750像素（宽）×1 181像素（高），分辨率为72像素/英寸。

13.4.2　项目素材及要点

1．设计素材

图片素材所在位置：本书学习资源中的"Ch13\素材\制作运动健身公众号宣传海报\01和02"。

2．设计作品

设计作品效果所在位置：本书学习资源中的"Ch13\效果\制作运动健身公众号宣传海报.psd"。效果如图13-129所示。

3．制作要点

使用矩形工具、直接选择工具和剪贴蒙版制作背景图，使用添加杂色命令添加照片杂色，使用照片滤镜命令为图像加色。

图13-129

13.4.3　案例制作步骤

01 按Ctrl＋N组合键，设置宽度为750像素，高度为1 181像素，分辨率为72像素/英寸，颜色模式为RGB，背景内容为白色，单击"创建"按钮，新建文档。

02 选择矩形工具 □，在属性栏的"选择工具模式"选项中选择"形状"，将"填充"颜色设为黑色，"描边"颜色设为无。在图像窗口中适当的位置绘制矩形，如图13-130所示，在"图层"控制面板中生成新的形状图层"矩形 1"。

03 选择直接选择工具 ▶，选取需要的锚点，如图13-131所示。按住Shift键的同时，拖曳锚点到适当的位置，效果如图13-132所示。

图13-130　　　　图13-131　　　　图13-132

04 按Ctrl＋O组合键，打开本书学习资源中的"Ch13\素材\制作运动健身公众号宣传海报\01"文件。选择移动工具 ⊕，将01图像拖曳到新建的图像窗口中适当的位置，效果如图13-133所示，在"图层"控制面板中生成新的图层，将其命名为"图片"。按Alt+Ctrl+G组合键，为"图片"图层创建剪贴蒙版，如图13-134所示，效果如图13-135所示。

05 将"图片"图层拖曳到控制面板下方的"创建新图层"按钮 ⊞ 上进行复制，生成新的图层"图片 拷贝"。单击图层左侧的眼睛图标 ◉，隐藏该图层。选中"图片"图层，如图13-136所示。

图13-133　　　　　图13-134

图13-135　　　　　图13-136

06 选择"滤镜 > 杂色 > 添加杂色"命令，在弹出的对话框中进行设置，如图13-137所示，单击"确定"按钮，效果如图13-138所示。

07 单击"图片 拷贝"图层左侧的方块图标 ▢，显示该图层。在"图层"控制面板上方，将"图片 拷贝"图层的混合模式选项设为"柔光"，效果如图13-139所示。选择"滤镜 > 其他 > 高反差

保留"命令，在弹出的对话框中进行设置，如图13-140所示，单击"确定"按钮，效果如图13-141所示。

图13-137　　　　　图13-138

图13-139　　　　　图13-140

图13-141

08 单击"图层"控制面板下方的"创建新的填充或调整图层"按钮 ◉，在弹出的菜单中选择"照片滤镜"命令。在"图层"控制面板中生成"照片滤镜 1"图层，同时弹出"照片滤镜"面板，

将颜色选项设为蓝色（0、145、236），其他选项的设置如图13-142所示，按Enter键确认操作，效果如图13-143所示。

图13-142　　　　　　图13-143

09 选择矩形工具 □，在属性栏中将"填充"颜色设为深蓝色（45、63、89），"描边"颜色设为无。在图像窗口中适当的位置绘制矩形，如图13-144所示，在"图层"控制面板中生成新的形状图层"矩形 2"。

图13-144

10 选择直接选择工具 ▷，选取需要的锚点，如图13-145所示。按住Shift键的同时，拖曳锚点到适当的位置。用相同的方法调整其他锚点，效果如图13-146所示。

图13-145　　　　　　图13-146

11 在"图层"控制面板上方，将"矩形 2"图层的混合模式选项设为"正片叠底"，图像效果如图13-147所示。

12 按Ctrl+O组合键，打开本书学习资源中的"Ch13\素材\制作运动健身公众号宣传海报\02"文件。选择移动工具 ⊕，将02图像拖曳到新建的图像窗口中适当的位置，如图13-148所示，在"图层"控制面板中生成新的图层，将其命名为"文字和图片"。运动健身公众号宣传海报制作完成。

图13-147　　　　　　图13-148

课堂练习1——制作水果店广告

练习1.1 项目背景及要求

1. 客户名称

果多多水果店。

2. 客户需求

果多多水果店是一家销售各种水果的商店。本例是制作水果店的开业宣传广告，主要针对的客户是爱吃水果，享受健康生活的普通大众，要求能够体现出水果的丰富多样和健康美味。

3. 设计要求

（1）使用黄色和杧果为背景，营造出明亮、温暖的氛围，给人健康和幸福感。

（2）用新鲜丰富的水果体现出商店的主营特色，增强人们的购买欲望。

（3）图片和文字完美搭配，醒目直观。

（4）用人物增强画面的活泼感，体现出营养健康的理念。

（5）设计规格为557像素（宽）×394像素（高），分辨率为72像素/英寸。

练习1.2 项目素材及要点

1. 设计素材

图片素材所在位置：本书学习资源中的"Ch13\素材\制作水果店广告\01~03"。

2. 设计作品

设计作品效果所在位置：本书学习资源中的"Ch13\效果\制作水果店广告.psd"。效果如图13-149所示。

图13-149

3. 制作要点

使用移动工具、图层的混合模式和不透明度选项制作背景融合效果，使用高斯模糊命令制作模糊投影，使用色阶调整图层调整人物颜色，使用钢笔工具绘制形状，分割画面，使用横排文字工具和字符面板添加宣传语。

课堂练习2——制作春之韵巡演海报

练习2.1 项目背景及要求

1. 客户名称

呼兰极地之光文化传播有限公司。

2. 客户需求

呼兰极地之光文化传播有限公司是一家组织文化艺术交流活动、从事文艺创作、承办展览展示等服务的公司。现由爱罗斯皇家芭蕾舞团演绎的歌舞剧"春之韵"将在呼兰热河剧场演出，需要设计一款巡演海报，要求能展现出此次巡演的主题和特色。

3. 设计要求

（1）用色彩斑斓的背景营造出有活力且具韵味的氛围。

（2）海报以人物为主体，具有视觉冲击力。

（3）画面排版主次分明，增加画面的趣味和美感。

（4）以直观醒目的方式向观众传达宣传信息。

（5）设计规格为750像素（宽）×1050像素（高），分辨率为72像素/英寸。

练习2.2 项目素材及要点

1. 设计素材

图片素材所在位置：本书学习资源中的"Ch13\素材\制作春之韵巡演海报\01~03"。

2. 设计作品

设计作品效果所在位置：本书学习资源中的"Ch13\效果\制作春之韵巡演海报.psd"。效果如图13-150所示。

图13-150

3. 制作要点

使用图层蒙版和画笔工具制作图片渐隐效果，使用色相/饱和度命令、色阶命令和亮度/对比度命令调整图片颜色，使用横排文字工具和字符控制面板添加标题和宣传性文字。

课后习题1——制作招聘运营海报

习题1.1 项目背景及要求

1. 客户名称

海大梦集团。

2. 客户需求

海大梦集团是一家互联网综合服务公司。现公司扩大规模，急需招聘各个岗位的人才，要求设计招聘运营海报。海报要求展现出公司的招聘岗位和招聘要求，起到宣传的效果。

3. 设计要求

（1）使用纯色的背景，给人时尚和现代感。

（2）画面排版主次分明，增加画面的趣味和美感。

（3）文字设计与整体设计相呼应，让人印象深刻。

（4）整体设计简洁直观，主题突出。

（5）设计规格为750像素（宽）×1181像素（高），分辨率为72像素/英寸。

习题1.2 项目素材及要点

1. 设计素材

图片素材所在位置：本书学习资源中的"Ch13\素材\制作招聘运营海报\01"。

2. 设计作品

设计作品效果所在位置：本书学习资源中的"Ch13\效果\制作招聘运营海报.psd"。效果如图13-151所示。

图13-151

3. 制作要点

使用矩形工具、添加锚点工具、转换点工具和直接选择工具制作会话框，使用横排文字工具和字符控制面板添加公司名称、职务信息和联系方式。

课后习题2——制作旅游出行公众号推广海报

习题2.1 项目背景及要求

1. 客户名称

红阳阳旅行社。

2. 客户需求

红阳阳旅行社是一家提供车辆出租、带团旅行等服务的旅游公司。旅行社要为暑期旅游制作公众号推广海报，需加入公司经营内容及景区风景等元素，设计要求清新自然，主题突出。

3. 设计要求

（1）海报背景要体现出旅行的特点。

（2）色彩搭配要自然大气。

（3）画面以风景照片为主，文字清晰，能达到吸引游客的目的。

（4）设计规格为750像素（宽）×1181像素（高），分辨率为72像素/英寸。

习题2.2 项目素材及要点

1. 设计素材

图片素材所在位置：本书学习资源中的"Ch13\素材\制作旅游出行公众号推广海报\01~08"。

2. 设计作品

设计作品效果所在位置：本书学习资源中的"Ch13\效果\制作旅游出行公众号推广海报.psd"。效果如图13-152所示。

图13-152

3. 制作要点

使用曲线、色相/饱和度和色阶调整图层调整图像色调，使用图层蒙版和画笔工具制作图像融合效果，使用横排文字工具添加文字信息，使用矩形工具和直线工具添加装饰图形，使用图层样式给文字添加特殊效果。

13.5 包装设计——制作冰淇淋包装

13.5.1 项目背景及要求

1. 客户名称

梁辛绿色食品有限公司。

2. 客户需求

梁辛绿色食品有限公司是一家生产、经营和销售各种绿色食品的公司。本例是为食品公司设计冰淇淋包装。在包装设计上要体现出健康、绿色的经营理念。

3. 设计要求

（1）使用新鲜的草莓体现出产品自然、纯正的特点，带给人感官上的享受。

（2）设计体现出产品香醇爽滑的口感和优良的品质。

（3）整体设计简单大方，颜色清爽明快，易使人产生购买欲望。

（4）标题醒目突出，达到宣传的目的。

（5）设计规格为200毫米（宽）×160毫米（高），分辨率为150像素/英寸。

13.5.2 项目素材及要点

1. 设计素材

图片素材所在位置：本书学习资源中的"Ch13\素材\制作冰淇淋包装\01～06"。

2. 设计作品

设计作品效果所在位置：本书学习资源中的"Ch13\效果\制作冰淇淋包装.psd"。效果如图13-153所示。

3. 制作要点

使用椭圆工具和图层样式制作包装底图，使用色阶和色相/饱和度调整图层调整冰淇淋，使用

横排文字工具制作包装信息，使用移动工具、置入嵌入对象命令和图层样式制作包装展示效果。

图13-153

13.5.3 案例制作步骤

1. 制作包装平面图

01 按Ctrl+N组合键，弹出"新建文档"对话框，设置宽度为7.5厘米，高度为7.5厘米，分辨率为300像素/英寸，颜色模式为RGB，背景内容为白色，单击"创建"按钮，新建一个文件。

02 选择椭圆工具 ◯.，在属性栏的"选择工具模式"选项中选择"形状"，将"填充"颜色设为橘黄色（254、191、17），"描边"颜色设为无，按住Shift键的同时，在图像窗口中绘制一个圆形，效果如图13-154所示，在"图层"控制面板中生成新的形状图层"椭圆1"。

图13-154

03 按Ctrl+J组合键，复制"椭圆1"图层，生成新的图层"椭圆1拷贝"。按Ctrl+T组合键，圆形周围出现变换框，单击属性栏中的"保持长宽比"按钮 ∞，向内拖曳右上角的控制手柄，等比例缩小圆形，如图13-155所示，按Enter键确认操

作，效果如图13-156所示。

图13-155　　　　图13-156

04 单击"图层"控制面板下方的"添加图层样式"按钮 *fx*，在弹出的菜单中选择"投影"命令，在弹出的对话框中进行设置，如图13-157所示，单击"确定"按钮，效果如图13-158所示。

图13-157

图13-158

05 按Ctrl+O组合键，打开本书学习资源中的"Ch13\素材\制作冰淇淋包装\01"文件，选择移动工具 ⊕，将图片拖曳到新建的图像窗口中适当的位置，效果如图13-159所示，在"图层"控制面板中生成新的图层，将其命名为"冰淇淋"。

06 单击"图层"控制面板下方的"创建新的填充或调整图层"按钮 ●，在弹出的菜单中选择"色阶"命令，在"图层"控制面板中生成"色阶 1"图层，同时弹出"色阶"面板，单击 ⊡ 按钮，其他选项的设置如图13-160所示，按Enter键确认操作，图像效果如图13-161所示。

图13-159

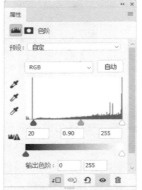

图13-160　　　　图13-161

07 单击"图层"控制面板下方的"创建新的填充或调整图层"按钮 ●，在弹出的菜单中选择"色相/饱和度"命令，在"图层"控制面板中生成"色相/饱和度 1"图层，同时弹出"色相/饱和度"面板，单击 ⊡ 按钮，其他选项的设置如图13-162所示，按Enter键确认操作，图像效果如图13-163所示。

图13-162　　　　图13-163

08 选中"色相/饱和度 1"图层的蒙版缩览图。将前景色设为黑色。选择画笔工具 ✎，在属性栏中单击"画笔预设"选项右侧的∨按钮，弹出画笔选择面板，设置如图13-164所示，在图像窗口中的草莓处进行涂抹，擦除不需要的颜色，效果如图13-165所示。

图13-164　　　　　　图13-165

09 选择横排文字工具 T.，在适当的位置分别输入需要的文字并选取文字，在属性栏中分别选择合适的字体并设置文字大小，设置文本颜色为红色（244、32、0），效果如图13-166所示，在"图层"控制面板中生成新的文字图层。选取下方的英文文字，设置文本颜色为咖啡色（193、101、42），效果如图13-167所示。

图13-166　　　　　　图13-167

10 选择横排文字工具 T.，在适当的位置分别输入需要的文字并选取文字。在属性栏中分别选择合适的字体并设置文字大小，设置文本颜色为棕色（81、50、30），按Alt+←组合键，调整文字的间距，效果如图13-168所示，在"图层"控制面板中分别生成新的文字图层。

图13-168

11 选择横排文字工具 T.，在适当的位置输入需要的文字并选取文字，在属性栏中选择合适的字

体并设置文字大小，单击"居中对齐文本"按钮 ，效果如图13-169所示，在"图层"控制面板中生成新的文字图层。

12 按Ctrl+O组合键，打开本书学习资源中的"Ch13\素材\制作冰淇淋包装\02"文件，选择移动工具 ，将图片拖曳到新建的图像窗口中适当的位置，效果如图13-170所示，在"图层"控制面板中生成新的图层，将其命名为"标志"。

图13-169　　　　　　图13-170

13 单击"背景"图层左侧的眼睛图标 ，将"背景"图层隐藏，如图13-171所示，图像效果如图13-172所示。选择"文件 > 存储为"命令，弹出"另存为"对话框，将其命名为"冰淇淋包装平面图"，选择PNG格式。单击"保存"按钮，弹出"PNG格式选项"对话框，单击"确定"按钮，保存为PNG格式。

图13-171

图13-172

2. 制作包装展示效果

01 按Ctrl+N组合键，弹出"新建文档"对话框，设置宽度为20厘米，高度为16厘米，分辨率为150像素/英寸，颜色模式为RGB，背景内容为紫色（198、174、208），单击"创建"按钮，新建一个文件。

02 按Ctrl+O组合键，打开本书学习资源中的"Ch13\素材\制作冰淇淋包装\03、04"文件，选择移动工具 ⊕，分别将图片拖曳到新建的图像窗口中适当的位置，效果如图13-173所示，在"图层"控制面板中分别生成新的图层，将其命名为"芝麻"和"叶子"，如图13-174所示。

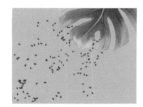

图13-173

图13-174

03 单击"图层"控制面板下方的添加图层样式按钮 fx，在弹出的菜单中选择"投影"命令，在弹出的对话框中进行设置，如图13-175所示，单击"确定"按钮，效果如图13-176所示。

04 单击"图层"控制面板下方的"创建新的填充或调整图层"按钮 ⚬，在弹出的菜单中选择"自然饱和度"命令，在"图层"控制面板中生成"自然饱和度 1"图层，同时弹出"自然饱和度"面板，单击 ⟱ 按钮，其他选项的设置如图13-177所示，按Enter键确认操作，图像效果如图13-178所示。

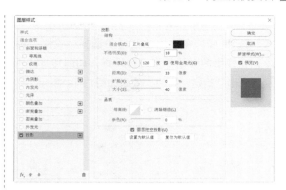

图13-175

图13-176

图13-177

图13-178

05 按Ctrl+O组合键，打开本书学习资源中的"Ch13\素材\制作冰淇淋包装\05"文件，选择移动工具 ⊕，将图片拖曳到新建的图像窗口中适当的位置，效果如图13-179所示，在"图层"控制面板中生成新的图层，将其命名为"盒子"。

图13-179

06 单击"图层"控制面板下方的"添加图层样式"按钮 *fx*，在弹出的菜单中选择"投影"命令，在弹出的对话框中进行设置，如图13-180所示，单击"确定"按钮，效果如图13-181所示。

图13-180

图13-181

07 选择"文件 > 置入嵌入对象"命令，弹出"置入嵌入的对象"对话框，选择前面保存的"冰淇淋包装平面图.png"文件，单击"置入"按钮，置入图片。将图片拖曳到适当的位置，并调整其大小，效果如图13-182所示。

图13-182

08 按Ctrl+O组合键，打开本书学习资源中的

"Ch13\素材\制作冰淇淋包装\06"文件，选择移动工具 ⊕，将图片拖曳到新建的图像窗口中适当的位置，效果如图13-183所示，在"图层"控制面板中生成新的图层，将其命名为"草莓"。

图13-183

09 单击"图层"控制面板下方的添加图层样式按钮 *fx*，在弹出的菜单中选择"投影"命令，在弹出的对话框中进行设置，如图13-184所示，单击"确定"按钮，效果如图13-185所示。冰淇淋包装制作完成。

图13-184

图13-185

课堂练习1——制作红酒包装

练习1.1　项目背景及要求

1. 客户名称

云天酒庄。

2. 客户需求

云天酒庄是一家以各类酒品为主要产品的公司。现要为公司最新酿制的红酒制作产品包装，要求包装与产品相契合。

3. 设计要求

（1）使用优美的田园风景体现出产品自然、纯正的特点，带给人感官上的享受。

（2）设计体现出产品香醇的口感和优良的品质。

（3）包装以暗色为主，突显出酒的质感和档次。

（4）标题醒目突出，达到宣传的目的。

（5）设计规格为100毫米（宽）×142毫米（高），分辨率为100像素/英寸。

练习1.2　项目素材及要点

1. 设计素材

图片素材所在位置：本书学习资源中的"Ch13\素材\制作红酒包装\01～08"。

2. 设计作品

设计作品效果所在位置：本书学习资源中的"Ch13\效果\制作红酒包装.psd"。效果如图13-186所示。

图13-186

3. 制作要点

使用移动工具、图层样式、图层的混合模式和不透明度选项制作背景效果，使用多边形套索工具和羽化命令制作暗影，使用图层蒙版、渐变工具和画笔工具制作酒瓶阴影，使用图层样式添加文字投影。

课堂练习2——制作干果包装

练习2.1 项目背景及要求

1. 客户名称

脆乡食品有限公司。

2. 客户需求

本案例是为脆乡食品有限公司制作零食包装。要求表现出零食的特色，在画面制作上要清新、有创意，符合公司的定位与要求。

3. 设计要求

（1）用灰色调的背景突出前方的产品和文字，起到衬托的作用。

（2）以榴莲作为包装的元素，体现出自然真实的特色。

（3）以真实简洁的形式向消费者传达信息内容。

（4）设计规格为170毫米（宽）×127毫米（高），分辨率为300像素/英寸。

练习2.2 项目素材及要点

1. 设计素材

图片素材所在位置：本书学习资源中的"Ch13\素材\制作干果包装\01～02"。

文字素材所在位置：本书学习资源中的"Ch13\素材\制作干果包装\文本文档"。

2. 设计作品

设计作品效果所在位置：本书学习资源中的"Ch13\效果\制作干果包装.psd"。效果如图13-187所示。

图13-187

3. 制作要点

使用渐变工具和图层蒙版制作背景，使用钢笔工具制作包装底图，使用钢笔工具、渐变工具和图层混合模式制作包装袋高光和阴影，使用路径面板和图层样式制作包装封口线，使用横排文字工具添加相关信息。

课后习题1——制作咖啡包装

习题1.1　项目背景及要求

1. 客户名称

意兰特食品有限公司。

2. 客户需求

意兰特食品有限公司是一家以干果、茶叶、巧克力棒和速溶咖啡等食品的生产、销售为主业的公司，致力为客户提供高品质的产品。现需要制作咖啡包装，在画面制作上要清新、有创意，符合公司的定位与要求。

3. 设计要求

（1）画面排版要主次分明。

（2）设计体现出产品香醇的口感和优良的品质。

（3）包装以暗色为主，突显出产品的质感和档次。

（4）文字设计与整体设计相呼应，让人印象深刻。

（5）设计规格为100毫米（宽）×100毫米（高），分辨率为150像素/英寸。

习题1.2　项目素材及要点

1. 设计素材

图片素材所在位置：本书学习资源中的"Ch13\素材\制作咖啡包装\01～08"。

2. 设计作品

设计作品效果所在位置：本书学习资源中的"Ch13\效果\制作咖啡包装.psd"。效果如图13-188所示。

图13-188

3. 制作要点

使用移动工具添加主体人物、装饰图形和标志图形，使用横排文字工具和矩形工具制作相关信息。

习题2.1 项目背景及要求

1. 客户名称

黄湖云天饮品有限公司。

2. 客户需求

黄湖云天饮品有限公司是一家生产和销售各种饮料产品的公司。本例是为公司设计葡萄果粒果汁包装，主要针对的消费者是关注健康、注意营养膳食结构的人群。在包装设计上要体现出果汁来源于新鲜水果的概念。

3. 设计要求

（1）用暗绿色的背景突出前方的产品和文字，起到衬托的作用。

（2）图片和文字结合，体现出产品新鲜、清爽的特点，给人健康、有活力的印象。

（3）用易拉罐的设计展示出包装的材质，用明暗变化使包装更具真实感。

（4）整体设计简单大方，颜色清爽明快，易使人产生购买欲望。

（5）设计规格为48毫米（宽）×72毫米（高），分辨率为300像素/英寸。

习题2.2 项目素材及要点

1. 设计素材

图片素材所在位置：本书学习资源中的"Ch13\素材\制作果汁饮料包装\01～03"。

2. 设计作品

设计作品效果所在位置：本书学习资源中的"Ch13\效果\制作果汁饮料包装.psd"。效果如图13-189所示。

3. 制作要点

使用横排文字工具、字符面板和文字变形命令制作包装文字，使用自定形状工具添加装饰图形，使用渲染滤镜制作背景光照效果，使用扭曲滤镜制作包装变形效果，使用矩形选框工具、羽化命令和曲线命令制作包装的明暗变化效果，使用椭圆工具、钢笔工具、填充命令和羽化命令制作阴影，使用图层蒙版和画笔工具制作图片融合效果。

图13-189